未来に

先回りする

思考法

趋势
思考

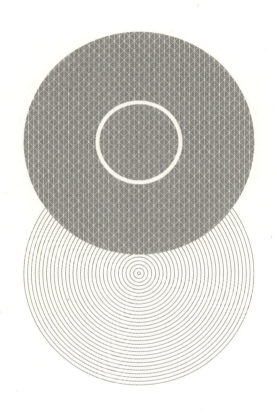

［日］佐藤航阳 —— 著

徐涵微 —— 译

后浪

江西人民出版社
Jiangxi People's Publishing House
全国百佳出版社

"人类要造出能上天的飞机，还需要数学家和工程师齐心协力，不断奋斗一百万到一千万年，方可成功。"

——1903 年,《纽约时报》

（莱特兄弟初次飞行几周前刊载）

目　录

为什么99.9％的人会错误预测未来?

《人类造出飞机还需要一百万到一千万年》

在《纽约时报》刊登这篇文章后的几周,莱特兄弟便首次飞上了天空,颠覆了《纽约时报》的预测。

这件事在当时成了人们的笑料。知名报社的精英记者为何能如此自信地写出这样的文章呢?

然而,其他人也并不比这位记者聪明多少。当航天科学家们野心勃勃地宣布要开发宇宙飞船时,也有99.9％的人说了同样的话。

"宇宙飞船?简直是痴人说梦。"

其实,生于现代的我们也会错误预测未来,所以也无法嘲笑过去那些说宇宙飞船是痴人说梦的人们。

在几年前，也有不少人认为日本人不会使用实名注册的社交网络，而如今 Facebook 在日本的用户超过了 2 000 万。

现在许多人都在使用的 iPhone，刚发售时也有多数人因为"无法使用电子钱包""简直无法想象手机没有红外线功能"等理由认为它不会热卖，而这些如今都被我们忘记了。

为什么人们总是一次又一次错误地预测未来呢？

原因就在于人们的思考方法。人们只会根据眼前发生的事情来预测将来的事情。然而，就和多数人预想不到 Facebook 和 iPhone 的普及一样，只考虑到眼前这一个"点"的状况就想要预测未来的话，基本上都会出现错误。

实际情况中充满了超越人类认知的庞大要素，这些要素会互相影响并推动社会的发展。想要知晓所有相关要素，以人脑的硬件性能来看，是不可能的。

另一方面，也有极少数人能够发挥令人惊叹的先见之明，取得巨大的成果。例如，史蒂夫·乔布斯在 20 世纪 80 年代，正当他 30 多岁的时候，就预见了个人智能手机会普及的未来，并决定以自己的力量来实现这一想法。他并非只看眼前的"点"来考虑问题，而是从长远的时间轴中捕捉到社会发展的规律，将这样的趋势作为"线"连接起来，再做出决定。只要捕捉到世界中的趋势，你也可以像乔布斯一样，先一步预见未来的发展。

0.1% 的人看清了"世界变化的规律"

我在调查了能够预见未来发展的 0.1% 的人后，发现他们的思考方式和 99.9% 的人完全不同，所以能够预见未来。决定两者区别的是识别规律的能力。他们对科技的理解十分深入，并完全把握经济、人类情感等多方面的因素，所以能够一直看清社会变化的规律。

在认识规律方面，最重要的因素便是科技。不论在哪个时代，科技的发展都会引领社会的变化。

听到科技这个词，或许有些人会觉得是深奥、复杂的事物，但是从古代人使用的石器，到现在您正在阅读的纸质书，都是从根本上颠覆了数百年前的社会发展的、具有革命性的科技成果。无论是货币，还是电气，我们的生活一直都因为新科技的诞生而不断被改写。

如今，正在发展中的网络这一最新科技也在重新构筑社会。网络出现不过 20 年的时间，就已经像空气一般渗透到了社会的各个角落，并做好了变革的准备。我认为，接下来网络将真正地改变我们的生活。

现在，社会已经在以历史上最快的速度发展，并且还在持续加速。因为科技具有"一种发明不断诱发其他的发明，令变化的速度如同滚雪球一般不断加速"的性质。

计算机的发明催生了网络，网络催生了智能手机和穿戴型终端，令人工智能也得到了发展。这些发明之间的间隔，必然会渐渐缩短。

随着时间流逝，科技对社会的影响会越来越大。从石器时代开始的科技，孕育出了能在一瞬间让数百万人灰飞烟灭的核武器。比起只能缓慢进化的自然和作为生命体的人类，人工创造的科技由于不会受到生物的物理制约，正在迅速地进化。在发展速度急剧加快的当今社会，将关注的焦点聚集到科技上是理解社会整体构造最便捷的方式。

本书将以科技为轴心，考察以下 4 个问题。

· 科技发展中所隐藏的规律（第一章）

· 以网络为核心的新科技今后将如何改写社会系统（第二章）

· 科技发展会给我们带来什么样的问题（第三章）

· 在预测未来的基础上，个人应该如何做出决定（第四章）

要想知道接下来我们的社会将会如何变化，光是认真审视当今社会是不够的。即使读遍市面上各类未来预测的书籍，恐怕也是无法真正预测未来的。《纽约时报》的例子不必多说，我们不论想要如何预测未来的发展趋势，结果总是大相径庭，而这样的结果也一直持续。错误预测未来，这也是人类所特有的规律之一。

另外，即使知道了"几十年后会变成这样"的结论，而不知道其中要经历怎样的过程的话，也无法做到实际应用。

但是，**如果能看清社会发展的规律，即使状况有变，也能够看清未来**。为了做到这一点，需要传达一种能广泛运用的思考体系，这便是本书的主题。

从商业世界窥见未来

我现在经营着一家名为 Metaps 的公司，在 8 个国家设有分公司，每天都和来自 15 个以上的国家的成员们在使用超过 4 种语言的环境下工作（日籍员工约为总人数的一半）。

公司为世界数亿的智能手机用户提供收费应用服务，发行了独自的电子货币，最近还涉足了航天工业。

9 年前，从福岛去东京上大学的我，恐怕无法想象现在自己能够经营资产几十亿日元的企业，并且涉足航天工业。

为什么人连自己的人生都无法预测呢？关于寻找这个世界上所存在的事物之间的联系和规律，我一直都有着强烈的好奇心。

天生多疑的我，决定将自己作为验证假说的"实验台"。我想要弄清楚这个世界是以怎样的机制运转，将来又会变成怎样。为此，我选择了最合适的手段——商业。

和重视实验的物理等自然科学不同，社会科学的真理几乎都是个人的"考察"。这一点的正当性有学会等权威机构的保证，但也无从确认这是否就是真理。

什么是正确的？什么又是错误的？社会的机制究竟是怎样的？我认为最能够实时反馈这些问题并验证的方法，并不在于学会，而是在商业的世界中。

我对于社会机制所建立的假说如果是正确的话，就会通过数据反映出来，如果错误的话，企业就会衰退并且倒闭。要考察自己所在社会的规律的话，商业将是最直接的工具。

市场变化不断加速

身处在商业的世界里，尤其是科技产业，最近连预测几个月后发生的事情也变得愈加困难了。

其中，有一个理由是市场变化速度已经快到了如此快的程度，还有一个就是网络一举加快了信息和资本的流动性。

在过去，网络还没有普及的时代，大部分商业活动都在国内完成，信息流通也相对较慢，因此变化也比较缓慢。所以人们可以从容应对竞争对手的动向和市场的威胁。然而，网络所带动的发展速度重组了企业的结构。例如，事业投资的产业就完全被网络所改写了。

在网络普及之前，私募股权融资（对经营困难的企业进行并购、价值提升再卖出的企业）是盈利非常高的产业。只要把握企业的问题点做好重建计划，再付诸行动，就能等待成果到来。

"按照计划行动就能成功"这是在网络出现以前的法则。

随着 20 世纪 90 年代后半期网络登场后，状况就开始发生急剧变化了。有了网络这一媒介，信息和资本的流动性变得十分之快，商业状况瞬息万变，风险往往隐藏在人们意想不到的地方。即使按照计划推进事业，实际状况和当初的计划也会截然不同这样的事态开始频繁出现。因此，私募股权融资也无法像以前那样取得成果。与此同时，风险投资产业却开始大幅盈利。

风险投资产业是对有发展前景的事业进行投资，从事业发展中盈利，在这一点上和私募股权融资所做的事情是一样的，不同点在于盈利的方式。

风险投资的盈利模型是：给 10 家公司投资，只要其中 1 家公司投资成功的话，就能赚回其他 9 家公司的投资额。至于投资哪家企业会获得成功，事先并不知道。

能够预估事业能否成功的私募股权融资产业渐渐衰退，而以不可能预测为前提来投资的风险投资产业却大幅盈利。这种产业结构的变化表示市场变化正在加速。

事实上，最近 10 年，知名的大企业不断倒闭，默默无闻的公司却成长为巨大的跨国企业，这样的状况不断发生。

2004 年，马克·扎克伯格在哈佛大学的宿舍里发明 SNS、创立 Facebook。上线后用户数量激增，到 2015 年 Facebook 已经发展成拥有 12 亿用户的世界级基础设施一样的服务。现在，Facebook 的企业价值已经超过了 20 兆日元。在日本，企业价值超过 Facebook 的公司就只有丰田公司一家而已。

只要待在 IT 业界就会习惯这样的速度，但仔细想想就会发现这是令人无法相信的变化。

信息流通速度在加快，变化也在加快，在此之前几十年的积累在几年内就会被颠覆。今后这样无法预测的状况将如同指数函数一样不断增加。

"精益创业"无法获胜的理由

最近，以时代变化为理由，一种名为"精益创业"的思考方式开始流行。所谓精益创业，就是放弃事先计划。因为变化太快，所以即使做好计划，计划也完全派不上用场。这样的话不如舍弃"未来可以预测"这种前提，在发生变化的一瞬间立刻采取对策，不断修正方案，以变化的方式来对应变化，这就是精益创业的概要。这简直就是将达尔文进化论里"能够生存下去的并非强者，而是能够应对变化的物种"这一观点直接应用到了商业中。

这种思考方式的本质就是"**舍弃地图，带好指南针**"。

由于实际的场所不可能永远和地图上的地形一样，如果仅仅是手握古旧的地图的话，便无法前进。携带最小限度的资源，然后一边验证假说，一边参考指南针所指的方位，灵活地改变前进方向的话，反而能够快速地到达终点。

自从 2007 年创立公司开始，我也逐渐壮大了企业，感觉这样的思考方式确实有用。

当计划和现实相左时，比起努力朝当初的计划靠拢，不如全力适应现在的状况。这样的思考方式是非常合理的。

但是，最近的状况又向前跃进了一步。市场中所有企业都以"精益创业"的方式来运作的话，竞争必然会更加激烈。IT 服务业在资金、技术方面的入门门槛比较低，因此市场在一瞬间变得鱼龙混杂起来。

例如，Groupon 团购作为史上发展速度最快的网络企业，受到各方面的注目。但从技术层面上来说，它们提供的服务，只要在网站里加入支付功能就好了，这一点无论谁都可以做到。另外，从资金层面上来说，只要在云端使用 Amazon 提供的服务器就能以最低限度的成本建立起网站，也几乎没有门槛。结果，全世界出现了许多模仿 Groupon 的服务，市场一下子陷入了过度竞争的泥沼。

不论以多快的速度应对变化、反复验证假说，市场的竞争过于激烈的话，就无法增加盈利。

因为未来难以预测，不如在一开始放弃预测，专心应对变化。这种不太有道理的战略，实际上作为战略来说已经失去了意义。在难以预测变化的当代，能做到理解社会整体的规律、切实地预测未来，这样抢先一步的企业和个人才会成为最后的赢家。

借用达尔文的话，现在是"抢先未来者生存"的时代。

用线而不是用点思考

Google 日本分公司的前社长、现在在 Metaps 担任顾问的村上宪郎先生，曾经在本公司内发表过一次演讲。

他在演讲中提到的"Google 和 Facebook 是以怎样的视点来捕捉社会规律"，令我受益匪浅。**当时的我只考虑到眼前的"点"来开展商务，而 Google 和 Facebook 则是用线条的视点来捕捉社会发展的过程。**

科技的领域里总有一些流行语不断出现又消失。2015 年之前的科技流行语是"社交媒体""云计算""云资源""C2C""分享型经济""Makers"。而 2015 年 7 月，流行语是"物联网""虚拟现实（VR）""人工智能（AI）"，等等。

对大部分人来说，这些词语都是像流星一样转瞬即逝的存在。为什么会出现，什么时候会出现，都是无法预测的。另一方面，像 Google 和 Facebook 这样的企业，由于创业者自身精通计算机科学，能够理解不同的潮流的关联性，所以能捕捉到这些事物的全貌。其他人急匆匆地用手指向流星时，他们已经掌握了下一颗流星出现的地点，悠然等待流星降临。对于普通人来说是没有关联的"点"，对他们来说却是可以预测的"线"。

Google 开始制造自动驾驶汽车时，很多人会惊讶"为什么搜索引擎的公司会开发这个？"只看到搜索引擎这一个"点"的话，是很难发现和"汽车"这个"点"的关联性的。另一方面，理解了网络技术的性质和 Google 公司的"整理世界中的信息并让所有人共享"这一理念的话，就能看到连接这两"点"的"线"了。

网络产业和电气一样，拥有通过钟表和汽车等终端来发展网络的性质（会在第一章中详细解释）。也就是说，站在 Google 的立场来看，"通过汽车获取信息并进行整理"这件事处于"通过搜索引擎获取 PC 上散落的信息并进行整理"的延长线。

为什么有些人能够看清关联的"线"呢？我认为，如果将他们的思考方法整理成通用的逻辑，并且应用在商业活动中会有很大的益处，于是我继续一直以来都在进行关于这方面的探究。

本书总结了世界上许多企业在商业领域最前沿不断试错后，最终得出的"用线来思考并理解社会变化的原理原则"。我尝试着理解社会这个复杂的集合体，希望自己的思考过程能给读者们带来一些益处。

本书中介绍的并非是"几十年后会这样"这种具体的近未来预测。

世界上存在无论怎样都无法预测的事情。它们完全没有发展趋势和规律，即便存在趋势和规律，也是复杂到无法计算的"混沌"的领域。

例如，无论怎样分析过去的情况，也无法知道在这一瞬间打瞌睡的司机所驾驶的卡车是否会发生车祸。但是，每年由于疲劳驾驶引起的事故的次数，却是可以计算出来的。

同样，未来哪家企业会成功、哪个政党会执政，这样具体的预测，现在我们是无法做到的（将来随着科技进步，或许可以预测个别事物的具体情况）。但我们可以掌握的是，未来会有怎样的技术出现，政治经济系统整体会怎样进化。

在本书中，针对不存在规律的混沌领域并不做详细解说。因为看不见趋势的话，就无法制定对策，不制定对策就无法采取具体的行动。

某些文章将不确定性非常高的个别事物写成仿佛能够预测一样，这样或许能够满足知识上的好奇心，却没有什么实用性。

本书的目的是捕捉社会整体机制的大致趋势，在读者个人需要做出重要决定时能够提供一些帮助。

另外，由于本书主要涉及科技这一主题的性质，写作时的社会状况和现在相比或许会有一些变化。希望读者能够谅解。

第一章

科技发展自有其 "趋势"

第一章首先会考察科技发展中隐藏的"性质"。之后，根据其发展史和这种"性质"，预测会有怎样的未来，确定大致的趋势。

科技的三大"本质"

科技的变化是呈线型的，而并非点，因此我们首先需要理解科技本身的特征。从宏观的角度来看，各种科技的本质特征，可以总结为以下 3 点：科技是"人类的扩张"，科技"总有一天会开始教育人类"，以及"从手掌开始，扩展到宇宙"。

① 人类的扩张

追本溯源，科技到底是为何诞生的呢？

从石器到网络，所有的科技都以某种形态扩张了人类所拥有的能力。

例如，斧子和弓箭就扩张了人手所拥有的能力，这样就很容易理解了。

文字和书本是将过去个体的大脑内总结的信息记录在物体上，使该信息可以和其他个体共享，从这点来看，可以看作是人类大脑的扩张。科技总是在扩大人类的能力，将单独的个体做不到的事情变成可能。随着科技的规模变大，机制也越来越复杂，就难以辨认具体是扩张了哪些内容，但它的本质是不变的。

蒸汽和电力将人类四肢的动力扩张了几万倍。如果用人力来驱动蒸汽机车，完全无法想象需要多少人。同样，如果没有电力，无法使用吸尘器和洗衣机的话，光是依靠人类的劳动，我们的生活会变得一团糟。

另一方面，计算机和网络、电力、蒸汽不同，完全是向另一个方向扩张了人类的能力。它的本质是"智能的扩张"。

计算机被发明之后，人类就掌握了超越个体人类大脑的计算能力，可以通过网络和他人实时交流。如果说蒸汽和电力科技是在现实世界的"动力革命"的话，计算机可以说是在大脑内部的"智能革命"。

② 对人类的教育

科技拥有伴随时代发展开始教育人类的性质。新科技在社会中普及之后，人类便会为了适应这项新科技而改变自己的生活方式。这样的状况简直就是科技在教育人类。

货币原本是为了解决以物换物效率低下的问题而诞生的"科技"。生活在现代的我们，听说货币是一项科技时一定会觉得不可思议，但是在无法保存物品价值的时代，可以想象到货币的诞生简直是飞跃性的变化。

在货币诞生后不久，资本主义开始普及时，货币便开始了对人类的教育。在现代人判断价值的标准中，一定是有货币的存在的。

吃饭和住宿等提高人类生存率的行为，可以通过货币得到保证。这样一来，通过货币来计算各种事物的价值，思考事物就变得十分容易了。在此之前相对模糊的"价值"这一概念，通过货币被数值化，并且能够被比较，因此以货币为中心来计算得失是很有效率的。货币当初是为了使以物换物更加有效率而诞生的科技，现在则对判断价值的标准产生了影响。

人类发明解决问题的科技。随着时间流逝，科技深深扎根于社会结构中，不知从何时开始科技本身在束缚着人类的精神和行动。这样看来，人类和科技的主从关系简直就是颠倒了。

计算机就是一个典型的例子。初期的计算机是为了快速处理大量数据而诞生的产物，只扩张了计算功能。但是，计算机渗透到了社会整体，学习了海量的数据，发展出智能，现在是以最具效率的行为在"教育"人类。随着时代发展，最初根据人类输入的命令运行的计算机，进化成指导人类行为的老师。

或许现在我们正在目睹这样主从关系转变的一幕。

③ 从手掌飞向宇宙

　　从物理的位置来看，科技发展的进程也有一定的规律。之前说到了科技扩张人类所拥有的能力，这种扩张经常是从我们的"身边"开始的。

　　最开始是四肢的扩张。钝器、斧子、弓箭等武器扩张了手的功能，草鞋扩张了脚的功能。接下来，科技从身体处分离，在物理意义上的广阔空间里扩张人类的功能。

　　科技从手中的道具变成和身体分离的器具，被配置在室内，又发展到室外，变为火车、汽车等移动手段，跨越了距离，最后克服了重力变为飞机飞上天空，甚至飞出地球，飞向宇宙。

　　从电这一种科技来看，这种进程也是共通的。初期是在实验室诞生，然后变为一般家庭室内照明的电灯泡。不久，电力就被送达到社会的每一个角落。最终和社会中所有工具有所关联的电，变成了仿佛空气一般的存在。科技像这样经过一定的发展过程，逐渐渗透并扩散开来，越是不断渗透，就越是变成日常的一部分，令人感觉不到它的存在。

智能手机是"带电话功能的超小型计算机"

　　对于生活在当今社会的我们来说，正在渗透社会的每个角落，带来最大影响的科技，当然是信息技术。在这里我将提炼要点，回顾一下计算机和网络的发展历程。

　　实际上，计算机是从军事产业中诞生的。最初，制造计算机是为了在炮击敌军时根据飞机的位置和速度来计算弹道。1946 年，被称为"巨大头脑"（Giant Brain）的 ENIAC 计算机问世，它能够组合不同程序进行各种计算，是字面意思上的"巨大"系统。随后，负责开发原子弹的曼哈顿计划的天才数学家冯·诺依曼提出了将硬件和程序（软件）独立出来的概念，根据这个原理，诞生了程序内置的 EDSAC 计算机，也就是现代计算机的雏形。再后来，IBM 公司将计算机带入统计销售额和虚拟商务的商业世界。

接下来的巨大变化是在 20 世纪 80 年代。Apple 开始出售个人电脑（PC），从而广受好评。随着计算机的机型不断变小，就开始进入了个人持有计算机的时代。随后，普通家庭都拥有了计算机，而连接这些计算机的网络也迅速普及。Yahoo 和 Google 等 IT 企业也在这样的趋势中发展壮大。现在，PC 的时代即将结束，智能手机成为了计算机终端的中心。

对于我们来说渐渐变得不可或缺的智能手机，也是计算机小型化潮流的产物。"智能手机"这个名字会让人理解成"联网的电话"，但从计算机进化过程来看，应该理解为"带电话功能的超小型计算机"。

渗透进世间万物的网络

受到计算机小型化的影响，在我写这本书时，业界最热门的话题是物联网（IoT），也就是世间万物网络化的现象。

如今在超小型化计算机上加入传感器的技术十分发达，各种物体都有连接网络的可能。继手机（智能手机）之后，是手表（也就是智能手表）、电视（数字电视）、房子（智能房屋），最后连道路也联网了。所有的物质都连接到网络，世界中物品和物品之间开始了信息传输。

实际上这也和之前讲到的电力普及是同样的过程。电力从电灯泡开始，最终随着发电厂的供电和家中各种物体连接起来，使其具备动力。让团扇变成了电风扇，扫帚变成了吸尘器。

网络也经历了完全相同的过程，再过几年，就会和电力一样，渗透到社会的每个角落，变成空气一样的存在。

电力和网络拥有这样性质的背景是热力学和统计学世界里的"热力学增大法则"。这条法则指出，世界（自然）随着时间流逝，会从有秩序的状态变成无秩序的混沌状态。

地球一开始也是一颗荒芜的行星。现在地球上存在数亿的动物和植物，数量还在不断增加，向着无秩序的方向持续前进。作为人类能力的扩张的科技，也从人类身边功能单一的物体开始，随着时间流逝而变得越来越复杂。从室内飞向室外，拥有了反复朝多个方向渗透的性质。

当所有事物连接上网络之后，我们的生活会发生怎样的变化呢？例如，从家里和办公室电力的开关到室内的温度调节等事情，云端上的计算机会从一些操作上学习人类生活的规律，渐渐学会怎样自动为人类做这些事。再进一步的事情也是有可能的，手表连上网络就能实时把握自身的健康状况，如有异变，计算机便会提醒主人，根据每个人不同的体质，系统甚至会提供最合适的维持健康的手段。

网络连接上各种终端，意味着现在能够被收集到在此之前无法观测到的各种数据。而这件事的延长线则是"略过意志决定"。

休息日的约会计划、最适合的跳槽公司、结婚对象的选择、投资的经营判断……所有的情景中，应该采取什么行动才能得到最佳结果，系统都会告诉我们。

　　从现在开始，人类除了使用与生俱来的大脑之外，还可以使用存在于外部的多种"智慧"并依靠它们来生活。

　　其实"使用自己以外的智慧"这件事本身就不是什么崭新的能力。人类在发展文明的过程中，通过书籍的形式将祖先的智慧留给后代，在家庭内将父母的智慧共享给儿女，提高生存率。现在，使用 Google 等搜索引擎，让人们能够借鉴他人智慧的范围又进一步扩大了。但是，什么样的信息对自己来说比较重要，哪些是应该知道的，像这样的优先顺序是现有的搜索引擎无法告诉我们的。今后，从借鉴他人智慧更加前进一步，在人类进行搜索前就给出最合适答案的具有能动性的"智能"将会诞生吧。其诞生的契机就是能够自律地学习和行动的计算机，人工智能（AI）的发展。

大数据找到了名为人工智能的"出口"

    各种终端连接到网络，相应产生的记录数据非常多。像这样用 Excel 无法完全处理的数据从几年前便被称为"大数据"，由于和提升商务效率相关，所以备受期待。

    实际上，能够灵活运用大数据并使其产生价值的企业并不多。虽然大家都希望能够使用大数据，但目前还处于不知应该如何使用的状态。

    但是，到现在已经有人为大数据找到了发展的方向。那就是人工智能（AI）。人工智能这个词，根据人们立场的不同，也被赋予了不同的定义。由于 AI 在未来社会中是非常重要的因素，所以我在这里简单整理一下人工智能的历史以及今后的展望。

    人工智能这一构想本身不是新生事物。想要再现人类智慧的尝试从 50 年前就开始了。当时的研究者大致可以分为两个立场。那就是"强 AI"派和"弱 AI"派。

"强 AI"派的主张是，为了再现智慧，首先要弄清楚"人类的精神究竟为何物"，在此基础上，必须先用程序再现人类的精神构造。

另一方面，"弱 AI"派的想法比较现实。关于人类精神的定义实在太难以解答，只要最后 AI 能呈现出和人类一样的思维方式和行动，是否就可以将其称为"智能"？他们并不强求完全再现人类精神构造的过程。

经过长年的争论，现在，说起人工智能基本上都是指向弱 AI。人类的精神过于复杂，要在理解其构造的基础上再现人类精神构造这样的想法，目前是不太现实的。

那么，人类是如何判断现在的弱 AI 是拥有智慧的呢？英国的天才数学家阿兰·麦席森·图灵提出的图灵测试，为测试机器是否拥有智慧设置了几档难度。

在听不到声音的被隔离的环境中，让人类只用文字和计算机聊天，人类如果无法判断聊天对象是人类还是计算机的话，那么即可判断这台计算机"拥有智慧"。

弱 AI 所拥有的智慧实际上是统计学的延伸。首先让计算机学习庞大的样本数据，从数据中寻找一定的规律，然后使用这些规律预测未来，开展下一步的行为。

我们要做一件事时，会经历以下 4 个步骤：

① 学习

② 认识规律

③ 预测

④ 行动

例如，想要说话，首先要识别对方是不是人类。因此需要"学习"人类的特征，需要"根据规律识别"对方是不是人类（有两只眼睛、一个鼻子，长着头发，嘴巴会动等）。接下来，推测出面前这位应该是人类，在建立这种预测的基础上下意识地"实行"说话这一动作。

如果要让机器来学习我们人类下意识地进行的动作规律的话，需要收集庞大的样本数据。在网络出现以前，要收集几百几千份样本数据是一项巨大的工程，成本非常高。而将收集好的数据进行整理和计算，再总结出规律的话，更是要耗费大量的精力。

但是，最近 20 年网络迅速普及，个人可以通过网络和他人进行互动，因此服务器上储蓄了大量的记录数据。与此同时，伴随着计算机的高性能化和小型化，人们可以用低廉的价格买到拥有很高处理计算能力的计算机。

伴随着这些变化，人工智能再次成为人们关注的对象。

与计算机和网络出现之前相比，不论是收集庞大的样本数据，还是分析数据、总结规律都降低了不少成本。在这里，从前无法活用的大数据，找到了人工智能这一出口。

最近，在人工智能界又有了一项新的突破。那就是深度学习，是一种弥补了现有的计算机学习的缺点的方法。

在此之前的机器学习中，无论计算机的计算能力多高，思考"特征量"——为了识别概念的变数这件事也只能由人类来完成。

例如，至今为止让计算机辨认人类时，人类需要将"一个脑袋、两只眼睛、一个鼻子一张嘴、两只手两只脚……"这样的人类特征作为变数，预先设定好之后再教给计算机。也就是说，要让计算机学习什么数据、看什么指标，都取决于人类的设定，并没有实现自动化。但是，深度学习不需要借助人类的设定，就能够让计算机自动提取出"特征量"这一信息。

2012年，Google发表了一个大新闻，"让计算机在YouTube上学习大量有关猫的视频数据，成功让计算机对于猫这一概念有了认识"，在其背后就有深度学习的发展的结果。这台计算机没有让人类教自己"猫是什么"，而是自己学习了庞大的数据后，识别了"猫"这一概念。

在2015年，Google收购了名为DeepMind的专门研究深度学习的企业，该企业发表了能够自己学习游戏并进行攻略的人工智能"DQN"的相关信息。根据DeepMind的发表，这个人工智能学习了 49 种游戏，其中超过一半的游戏获得了超过人类记录的 75% 的分数。

不仅是 Google，微软、中国的百度、IBM 等大型企业都在人工智能的研究领域投入了大量资本。它们如此关注人工智能这件事并不止是出于科学上的意义，而是关心人工智能给商业世界带来的巨大冲击。

在现阶段，AI 虽然只是在进行"将广告效果最大化""将最合适的信息推荐给个人""下象棋"这样强化目的单一的工作，但已经发挥出了超越人类水平的能力。另一方面，关于理解复杂状况并做出最合适的判断这样广泛应用的智能，还存在大量的问题。

但是，由于近几年的飞速发展和资金流入，今后关于人工智能的开发会急速发展已成定局。以前科幻小说中设想的"不仅会做计算，还能做决定的计算机"正在逐渐变成现实。

各种事物中蕴含的智能

因特网一开始是出现在军事产业，后来被应用到商业，随后进入到普通家庭，实现了急速的发展。如今网络已经走出室内，开始连接各种事物。**现在可以切实预想到的发展是各种事物中蕴含着"智能"的世界，这是继事物的网络化之后下一个阶段的发展。**

到 2020 年，预计会有 250 亿台终端连接到网络。从现在开始，各种被称为"智能○○"的终端会不断增加。随着这样的发展，人工智能通过学习存储在云端的大量数据，能做出更加精确的判断。

最终，准确度非常高的 AI 将学会如何控制硬件。在这个阶段，与网络相连的事物将会拥有智能。

智能的发展过程，存在 4 个阶段：

① 存储大量信息

② 人类手动改善存储的大量信息

③ 人类从存储的信息中提炼出规律，将规律放入系统中检测并改善

④ 为了改善规律的认知，将所有判断交给系统来执行

如果仅是将终端连接网络的话，这样的设备只能担任收集信息的工作，只能做到① ~ ③。但是拥有云端的 AI 可以做到第四点的话，便可以称为"智能"了。

这样一来，不过是作为连接网络、传输信息的传感器的终端也能自发地学习行动，进化成拥有智能的计算机了。

活用网络传输信息，在云端上学习大量数据，就能实时反应在终端上。比如现今的智能手机应用软件，负责用户界面的部分需要下载到终端才能运行。然而在需要实时上传数据的领域，则需要通过云端和网络进行通信。

Pepper（胡椒）等被称为智能机器人的硬件也一样。如果用户安装喜欢的应用，那么用户的使用方法和喜好等信息会通过实时通信被上传到网络、用于看护、导购等各种用途。今后，同样的事情会在连接网络的所有设备上发生。

现在我们生活中接触到的事物开始拥有智能的话，生活会发生怎样的变化呢？

首先简单的工作会全部变为自动化，这一点将很快就会实现。Google 和特斯拉汽车公司已经着手推进无人驾驶的"自动驾驶汽车"的实际应用。一旦实现了自动驾驶，就能从数据中学习到乘车者的回家时间和移动路线，实现自动接送，不用指示即可将人送到指定场所。驾驶之外的工作也会渐渐发展为自动化。

例如，店铺的导购和结账等简单的工作，也是确实正在实现自动化的领域。要判断一件工作是否简单，其中一个标准是看它能否归纳成操作手册。

能够归纳出操作手册，也就是说能决定规则，这样一来编写程序会变得异常轻松。只要实时转换储存在云端的信息，整个店铺的交易变更就能在一瞬间完成。

无论是驾驶还是导购，都需要根据状况做出灵活的应对，但某种程度上具备一定的规则。像这样目的明确、容易归纳出操作手册的工作，正是弱 AI 最擅长的领域。

最近几十年，社会以人工智能为轴进行了激烈的变化，我会在第二章中详细介绍这些变化。这些变化不能以"点"来捕捉，而需要根据以下一系列过程的"线"来理解。这样一来就能更容易看清它的本质。

① 电力催生了计算机

② 计算机连接上网络

③ 网络渗透社会每个角落，发展成物联网

④ 将网络中产生的大量的数据收集到 AI 中

⑤ 能够自主判断的 AI 开始学会分析数据、做出判断

⑥ 从一切事物中获得智慧

最重要的是用"线"将这些变化贯穿起来理解，而不是只分析独立的"点"。

科技让"天才"的量产成为可能

"人工智能会代替人类的一部分功能。"

针对这样的言论，一定会有人提出反对："无法将人类的感情统计出数值。"但是，最近的科技发展，甚至可以逐渐解析人类感情的部分。重视牵动人类感情的创作领域，已经开始受到了影响。

迄今为止，电影、漫画、游戏等娱乐产业，都是依靠一部分天才创作者的灵感制作出热门作品的。但是，网络和网络中产生的庞大用户数据，也许会颠覆过去的一切。

在家用游戏机的时代，一般都是将游戏机连接到电视来玩游戏的。

但是，仅仅连接到电视上的话，不管多少玩家玩游戏，游戏公司都无法获得游戏中哪里有趣、哪里无聊这样的用户反馈。获得反馈的手段也只有在游戏发售之前反复玩试玩版，来确认游戏的效果如何。发售之后才会知道游戏卖得好不好，简直是高风险的产业。

而联网型的游戏，可以通过网络收集玩家的信息，从而从科学的角度来分析"有趣"和"无聊"这样的感觉。大量玩家互相竞争或者互相帮助推进游戏发展类型的游戏，则可以把玩家放弃游戏和有热情玩的地方作为记录保存下来。从这些数据里分析出规律，即使在游戏发售后也能更改剧情、不断完善，吸引玩家继续玩下去。

也就是说，和包装好后再销售的软件不同，这样的游戏并非是完成品。只有在没人继续玩的时候，一个游戏才会"结束"。网络完全改写了游戏制作的规则。

同样的事态在电影和漫画的领域也会发生。在日本，类似DeNA 公司提供的漫画王（MangaBox）这样的免费漫画应用软件迅速流行。漫画家可以通过分析数据知道自己作品中的哪部分最能够打动读者，这样的数据也全部都会被保存下来。将来通过数据分析读者的属性，就可能为不同读者提供最适合他们的结局。

我曾经从在娱乐行业的朋友那里听说，迪士尼公司已经积累了大量关于观众的"感动规律"的诀窍，只要在现有的模板框架里制作电影就好了。实际上，日本少年漫画杂志中的热门作品的角色设定和故事展开也有许多相似之处。

可以预想到，今后这样的固定规律信息会变得更加普遍。

像这样某种类型的"胜利规律"在行业中只有一部分的人知道，也就是"传说中的秘诀"。正因为这不是每个人都能掌握的，所以才存在天才。但是，一旦人类的感情也能被制作成数据，那任何人都能够通过这样的数据分析出规律，天才便失去了其稀有性。

目前为止被认为是最好的手段，在经过数据分析后也许会发现其实是错误的，这样的事态会不断发生。

"开心""有趣""悲伤"等感情，在此之前都被看作是过于复杂而无法理解的，仿佛黑匣子一样的存在。今后，随着内容的电子化，读者的倾向作为数据变得可视化，感情也会变得能被分析。业界整体也会因科学的解决方法，从依靠一部分天才创作者的产业变为可复制性极高的产业。简直就好像是解析了"秘制的调味汁"的成分，并将其量产一样。

连"感情"这样公认最难转化成数值的领域，科技也开始构筑起了相应的逻辑想要收集这方面的数据。

人类是规律的集合体

我所经营的公司利用人工智能，从各种应用软件数据中找出用户的行动规律，向全世界的软件开发商提议下一步应该实施怎样的策略。

例如，分析出"在游戏中开始这种行为的玩家，弃玩的可能性很高"的话，就会提出"应该给他看其他的应用软件的广告"的策略。

事业的核心是让投放在智能手机上的广告效果达到最大化。通常在网络上投放广告时，会同时投放许多版本，一边统计效果，一边调整。有些广告的点击率很高，转化率却很低，也有低点击率、高转化率的广告，广告在用户那里达到了怎样的效果，只要看一下数据立刻就能明白。另外，给怎样的人看怎样的广告，也可以指定目标用户的属性，结合多种判断标准，就能分析出要怎样投放广告才能使利益达到最大化。

在全世界的范围内进行这样的数据分析，意味着能够每天分析数千万，甚至数亿名用户的行为。从这些数据中得到的结论，颠覆了我对人类的认识。

平时和各种各样的人交谈，会觉得人的性格、兴趣、外在特征都充满了多样性。

可以说是"十个人十个样"。但是，如果从几千万用户"在几乎相同的条件下会做出怎样的反应"这样的观点来分析的话，就可以发现尽管使用的语言和所属的文化完全不同，核心用户或弃玩用户的规律几乎是相同的。并且，看上去属性完全不同的人们，只要分析他们的行为，就会发现他们也可以被归纳成几种固定的规律。

在人类的眼中看起来毫无共通点的事物，利用数据这一形式分析后却发现它们其实基于十分简单的规律。这个法则说明，人类实际上是规律的集合体。

世界中随处可见的眼与耳

　　科技在今后会更加理解人类，在这个过程中数据会变得越来越重要，而掌握关键的正是传感器的扩散。

　　我们通过视觉、触觉、听觉等感官接收外界的信息。计算机也一样，它们的感官正是传感器。

　　触摸智能手机的屏幕时会启动画面，是因为设备中内置了传感器。这一点可以说是代替了人类的"触觉"。

　　智能手机的高性能摄像头拥有识别人脸并且自动调整的功能，这是代替了人类"视觉"的传感器。

　　以 Google 和 Siri 为代表的智能手机声音搜索，不用说当然是代替了"听觉"。它们能够识别人的声音并将其转换成文字，再进行处理。

这样看来智能手机已经担当了扩张人类感官的角色。不仅是智能手机，通过传感器识别热量、光线、重量并控制门的开关的"自动门"设备也随处可见，我们的生活中已经充满了传感器。

到此为止我讲述了科技对人类能力的扩张，以及从人类身边走向室内和室外，在物理层面上向远方的扩散。传感器的扩散也可以用这样的规律来理解。扩张了人类感官的传感器，是从人类身边（智能手机）开始，今后会走出室内（智能房屋），扩散到生活中的各个角落。

今后，如果将监视摄像头和通缉犯的数据库连接起来的话，通过人脸识别功能就能自动报警。人类的眼睛、嘴、鼻子、皮肤等，都会以传感器的形式遍布社会的每一个角落。

而且，由于多种传感器分别连接到网络，在此之前单独的硬件无法胜任的复杂运作，在连接之后都可以做到。

通过传感器的形式植入的人类感官所检测到的信息，通过网络上传到云端，储藏在计算机中。人工智能分析这些信息，再通过搭载了传感器的终端发出指示。这样的构造非常接近人类的身体和大脑的关系。

人类通过视觉、听觉等感官获取信息，并将这些信息汇总到大脑，大脑识别各种规律后，向手、脚等器官发出指示。在这样的构造中，云端上的 AI 就是大脑，而终端就等于是手、脚等身体器官。

一种很有意思的学说认为网络的发达是"盖亚理论"的延展。盖亚理论是主张地球和地球上生活的所有生物都是一整个巨大的生命体的理论。

盖亚理论认为，所有的自然和生物在互相影响的同时，也在持续构筑同一个生态系统，所以不应该把个别生物看作独立的存在，而应该以俯瞰的视角将它们看作同一个生命体。

在此之前人工发明出的无机质的信息技术，与把地球看作一个有机生命体的盖亚理论，是相互对立的存在。但是，实现了人类感官能力的传感器随着价格不断降低而遍布全球，数据被上传至云端，自主思考的 AI 做出判断，向其他终端发出指示。这一连串的流程，也是和盖亚理论十分相近的构造吧。

以俯瞰的视角来看的话，也可以看作是人类和计算机共存的巨大生命体。盖亚理论在当初并没有受到科学界的认可，但如今这个假说却在通过科技一步步地被实现，这真的是非常不可思议。

人类的大脑发展的过程和在科技领域中发展网络的过程有惊人的相似点。大脑是由一个个名为神经元的神经细胞不断结合的过程中变得发达的。同样，SNS 和城市等社会的发展过程也是通过单个的节点，也就是每一个人连接起来而组成的。作为个体的人脑发展规律、SNS 的发展规律、城市的发展规律，虽然规模有所不同，但结构都是类似的。

现今，社会充满了人和人、国与国之间的纷争，在我们看来，这些争端是随机发生、无法理解的事情。但是，这些看上去毫无关联的变化，运用科学技术来分析的话，总有一天能够被总结为"某种现象"。将人类创作的社会被当成同一个"身体"来考虑的话，或许可以从其他的观点来看待每天都在发生的纷争和合作关系。

如果今后发现，人类和计算机不过是如同单个细胞那样的构成要素，是更大的某种构造的一部分这样的"结局"，我也不会感到意外。

因为科技持续扩张人类能力这种规律，可以看作为人类整体互相共鸣、渐渐成为同一个生命体的过程。

国家之间和个人之间的争端，正好是在社会这一大规模的环境下所实行的如驱除体内病菌、负伤后自然痊愈等自我调节机能。

和航天产业融合的网络

根据热力学增大法则，扩张人类能力的科技随着时间流逝会向多方向增加。和电力一样，网络也向家庭、办公室、道路、天空中不断扩张。最后所到达的终点是宇宙。

人类拥有自发地开拓未知领域的性质，人类的祖先从非洲大陆开始向各地迁移。美国在开拓边境，从物理角度来说，地球上几乎已经没有未开发的新大陆了。宇宙对于人类来说，是最后的边境地。

如今，以伊隆·马斯克所创立的制造和发射火箭的 SpaceX 和 Google 这样的企业为中心，航天工业的投资如日中天。IT 产业赚取的巨大利润流向了各种各样的产业，航天工业也不例外。

Google 用 5 亿美元收购了从事人造卫星制造和宇宙探索的

SkyBox 公司，更进一步实现了通过卫星提供廉价网络的想法。

相对因特网，有些人称之为"外联网"（Outernet）。目的是让新兴国家为主的发展中国家中没有联网的 50 亿人都能够连上网络。确实，比起等待各国通信企业不知道何时完工的线路铺设，自行利用宇宙空间提供网络是更加合理的判断。

对 Google 来说，使用网络的人增加的话，自己公司的生意对象也会扩张，这件事会给他们带来利益上的回报。

SpaceX 也计划发射 700 台超小型卫星，以此来构筑卫星网络。Google 向 SpaceX 投资了 10 亿美元购买了 10% 的股权。

不仅是 Google，像 Facebook 等网络企业，发展到一定规模，而网络的使用者却没有增加时，就会遇到瓶颈。特别是在非洲这样的新兴国家，通信的基础建设并不完备，大多数人都处在无法使用网络的环境中。如果 Google 公司和像 SpaceX 这样拥有制造和发射火箭技术的企业联手，就能够从宇宙空间向全人类提供价格低廉的网络服务。另外，Amazon 公司的 CEO 杰夫·贝佐斯也创立了 Blue Origin 公司，开始涉足这个领域。Blue Origin 是杰夫·贝佐斯的个人公司。

公司的业务内容目前尚未公开，据说是和载人航天有关的事业。

对于企业来说，从宇宙空间提供服务的优点显而易见。一般来说，宇宙的范围是从地上到空中超过 100 千米的领域开始的，所以位于700千米高空中的卫星不受国家的领空权所限制。因此很难遇到各个国家的妨碍。

现在航天工业是物理层面上最后的边境。逐步开拓这些领域的，并不是国家，而是跨国IT企业。

使用人造卫星的话，天空到地球表面就不再只是平面图，而是含有高度的立体图。卫星的解析度不断提高，现阶段即使从几十千米的高空也能辨认地面上的物体。现在利用卫星辨认地面上汽车的种类也并不是难事。

从理论上来说，如果能发射数千百万台卫星的话，就能实时掌握地面上所有的状况。**如果能将卫星收集到的信息，和地面上各种传感器收集的信息配合起来并进行分析的话，应该能够发现许多至今无法发现的规律，对于人类来说地球也会变成能够容易理解的场所。**

人造卫星的成本也越来越低了。最便宜的卫星从制造到发射只需要3 000万日元。当然发射高度较高的卫星是需要花费几亿到几十亿日元的，但是今后卫星的制造和发射的成本一定会下降。我个人认为5年后可能只需要1 000万日元左右就能发射一颗卫星。考虑到制作一个大型游戏应用需要约1亿日元，按照现阶段的成本，发射卫星比制作游戏还便宜。

19世纪的数学家、天文学家拉普拉斯提出了以下意见：

如果一个智者能知道某一刻所有自然运动的力和所有

自然构成的物件的位置，假如他也能够对这些数据进行分析，那么对于这智者来说没有事物会是含糊的，而未来只会像过去般出现在他面前。

这种能够像看清过去一样看清未来的超越性的存在被称为"拉普拉斯的恶魔"，引起了世间的纷纷议论。当然，对当时大部分人来说，拉普拉斯的恶魔是他们无法想象的存在。但是，现在人们已经开始渐渐拥有实时把握地球上所有变化，并对其进行解析的计算能力和智能（从量子级别来看，现在要把握所有变化还是比较难的）。

再过几十年，人类利用科技实现"全知"应该就不是难事了。"全知"一旦诞生，势必会对政治和经济带来巨大影响。Google 和 Amazon 这样的跨国 IT 企业，对宇宙产业进行巨额投资，应该也是考虑到了航天技术对未来的社会造成的影响吧。跨国 IT 企业现在已经起到了虚拟国家一样的作用。最重要的资源并非土地，而是信息。关于这一点，我会在第二章详细介绍。

能够想象到的技术已经几乎全部实现了

　　说到使用人工智能实现"全知"，立刻会受到"有法律禁止，所以无法实现""不符合价值观""社会不会接受这种事"等反对言论。

　　实际上 iPhone 刚发售时，也有很多媒体认为"不符合日本人的使用习惯所以卖不出去"。Facebook 出现时的主流论调也是"日本人不会接受实名制 SNS"。

　　结果，事实证明这些论调都是错误的。人类只关注眼前的现状，对于新生事物往往会目光短浅地进行否定，这也是反复被观察到的规律。

　　相反，2000 年的网络泡沫现象是由于当时流行"IT 将改变整个社会"这样过于期待网络的言论而导致许多新兴网络企业兴起，筹集了大量的资金。实际上，那时候计算机的价格还比较高，并不像现在有一半以上的日本人民都持有的智能手机一样普遍。

　　当时网络与现在相比也非常的慢，而使用网络能够实际做到的事也比预想的规模要小得多。许多人对于这种状况产生了失望的心情，泡沫很快便破灭了。

　　人类在否定眼前的新的服务和产品，却又过度期待还无法实现的新生科技，这也是反复出现的规律。

　　"网络只不过是搭了泡沫经济顺风车的伪造技术，实际上没什么用途。"

　　网络泡沫破灭时，许多人是这么想的。但是，15 年后的今天，当时流行的这些言论却几乎全部实现了。

　　现在，网上购物是理所当然的事情，通信则以聊天软件为主流。销售管理、财务管理、顾客管理等工作都可以在云端实现。年轻人不爱看电视，而是用智能手机在视频网站上看视频。

　　在网络刚刚诞生时，上述的这些事都被人们认为"是不可能实现的"。Google 在 2006 年花费 16.5 亿美元收购 YouTube 时，还有专家提出"YouTube 究竟有什么价值"这样的疑问，而现在基本没有人会想起来了。

　　人类只会关注眼前发生的事情。因此从短期的视点来看，会因为企业业绩不佳就否定企业收购，会因为不符合当前的生活方式就否定新兴技术、媒体和产品，另一方面，又会过分期待技术尚未完全成熟的科技。

相反，关于网络、智能手机等科技对社会造成的长期影响，却很少有人会议论。要意识到这样缓慢而长期的影响，本身就是一件困难的事情。

从长期来看，人类所能够想象到的创意，几乎全部实现了。所以，创意本身只是将来的一个"点"。即使当时觉得是突发奇想的创意，在随着时间的发展，在技术和价格层面上有了突破后，就仿佛一片片归位的拼图，总有一天将会连成进化的"线"。问题只是在于这一天何时会来临。

大多数人会错误预测这一天来临的时机，这也是人类历史中一直不断重复的模式之一。

所有企业的"目的地"都相同

实际上，对于用线来看待科技的人来说，不管涉足哪个领域，即便选择的"道路"不同，"目的地"却是基本相同的。

Google、Amazon、Facebook 等 IT 巨头企业的创业者所构想的未来有着惊人的相似。Apple 和 Google 都涉足了自动驾驶汽车和智能汽车领域，Google 和 Amazon 在航天工业中竞争，这些都不是偶然事件。

回首过去，科技企业几乎都在同一个时期投资了类似的产品。

例如，在 2005 年 8 月，Google 收购安卓系统公司，开始正式进军智能手机界，而 Windows Mobile 也是在同年 8 月发售的。iPhone 的问世稍微迟一些，是在 2007 年 1 月，但是据说乔布斯在 2004 年就在考虑开发手机版的 iPod。

实际上，智能手机成为世界手机的标杆是在 2012 年左右，但他们在 8 年多以前就理解了智能手机时代的到来，开始了相关产品的收购和开发。

他们能够迅速地应对变化，而不是追在潮流后面完成项目。他们构想着相同的未来，并且确定了开始进军这个领域的时机。

想要提供给用户最高的价值，就要提供价格最便宜、速度最快、最舒服、最合适的服务。只要瞄准"用户的需求"和"当前技术能够实现的服务"的连接点，基本就能准确地捕捉到未来。

我也经常和公司员工谈到，不需要过于在意竞争。只要朝着同一个目标努力，不管在意与否，总会参与到竞争中。

这就意味着所有的企业最终都会参与到竞争中。

时机决定一切

　　只要将所有事物连成线来看待问题，那么要预测未来发生的事情其实没那么难。难的是预测发生这些事的时机。

　　现在大热的以 Oculus 为代表的 VR（虚拟现实），过去也有不少人预测"在未来会成为现实"。

　　智能手机和平板电脑的概念也很早就出现了，实际上也有人尝试进行生产和销售。但是由于成本太高、太笨重等理由而没有得到大众的认可。等到终端生产成本降低，网络速度变快的时候，瞄准这一时机登场的 iPhone 就获得了成功。Apple 公司肯定不是唯一预测到未来趋势的，只是他们瞄准的时机太关键了。相反，Second Life 这样的虚拟社区也有人预想到过，还一度成为了话题，但由于需要在 PC 中安装特殊软件，需要配备高性能的计算机，那时候时机尚未成熟，所以没有得到普及。

根据这样的观点来看，人们在议论可穿戴设备能否流行时，其实并没有谈到事情的本质。重要的是，在什么样的时间点才会真正的流行起来。

在现实世界，多重因素会互相影响并发展。因此，想要抓取合适的时机并非简单的事。

时间过早的话，成本、技术、品质、伦理等方面会不被大众所接受，时间太迟的话，所有的成果都会被竞争对手抢先一步夺走。

预测未来的方向性是最基础的条件。关于更进一步的预测时机的内容，我会在第四章详细讲解。

尼古拉·特斯拉的不幸

　　大家知道尼古拉·特斯拉这位科学家吗？一般人都会认为，发明电力的是爱迪生，但现在主要使用的交流电其实是特斯拉发明的（爱迪生发明的是直流电）。

　　特斯拉为了普及无线输电技术，早在 100 多年前就开始了研究。就算是现在，主流的供电方式也是通过电线传输电力，特斯拉却已经开始考虑如何实现在空气中向远方传输电力，也就是制造出类似于电力版的 Wi-Fi 这样的想法。

　　特斯拉接受了美国五大财团之一——摩根财团的创始人，约翰·摩根的资金援助，建起了名为沃登克里弗塔的 60 米高塔，开始不分昼夜的研究。塔中不断传来轰鸣巨响，附近的人甚至报告说目击到塔中出现了雷电。

当然这项研究最终由于受到挫折而被迫中止了。当时即使是有线传输电能的设备也才刚刚起步，要实现无线传输电能，今后要花费的研究成本完全是未知数。资金援助被切断的特斯拉，最后孤独地在床上过世。而名利双收的爱迪生则享有了完满的人生。

实际上，日本三菱重工在 2015 年 3 月取得了无线输送电能实验的成功。据说成功将 10 000 瓦的电力输送到了 500 米之外的地方。

顺便一说，这项技术据说会将太阳能发电变成现实。将太阳能接收板发射到静止轨道上，在宇宙中产生的电力通过微波被输送到地球，在地面上转换成电能来使用的计划。由于开发成本高昂，据说会在 2040 年左右才能够实际使用。

人类成功利用无线输送电能是在 2015 年，特斯拉的实验失败、沃登克里弗塔被拆除是在 1917 年，中间差不多隔了 100 年。

特斯拉从理论上理解了无线输送电能的可能性，但是他的构想也超前于时代。正是因为特斯拉是天才，所以才能想到超前其他人 100 年的创意。资助他的摩根，也是历经一番努力完成了有线输送电能的基础建设，接下来就是要回收投资的关键时刻了，他其实也无法跟上特斯拉过于超前的研究。

有关特斯拉是一位领先于时代的天才这一点，在 1904 年的一篇杂志采访中也可以窥见一斑。

　　将来会有一种能够装入口袋随身携带且价格便宜、操作简单的设备，让人不论在海上还是陆地上都能接收到信号，并且还能够传递世界各地的新闻，以及与他人联络的信息。这样一来，地球整体就会变成有互动的巨大头脑。只要耗能 100 马力的设施能够操作上亿个机械零件，这种系统会发挥出无法估量的能力，大幅简化信息的传输，费用也会大幅降低。

　　假如科技和经济系统等事物没有在关键的时刻符合社会中的多个要素的话，即使这项技术诞生了，也无法得到普及和认可。特斯拉对于无线输送电能技术的挑战，正向我们证明了这一事实。

第二章

一切从"原理"开始思考

我在第一章中讲述了科技的性质和发展的过程，以及可以预见的科技的未来。在这一章要探讨的是，我们身边的"政府"等社会系统会发生怎样的具体变化。因此首先要说明，驱动社会进化的原动力究竟是什么。

一切从"必要性"开始

　　"当今时代最需要的是革新"。这样的意见不论在哪个业界都能听到。说到革新会让社会发展这点，恐怕没有人会提出异议。但是，我不认为日本会接二连三地发生革新。革新的原动力究竟是什么呢?

　　以前，我去以色列时，有件事给我留下了深刻的印象。

　　以色列是一个不可思议的国家，只有 800 多万人口，纳斯达克的上市公司数量却仅次于美国。实际上，以色列是一个不为人知的革新大国，还被称为第二硅谷。

　　例如，Google 花费近 10 亿美元收购的实时点评汽车导航软件 Waze，就是以色列的创业公司开发的。另外，乐天花费 9 亿美元收购的拥有 3 亿以上用户的信息软件 Viber 也是以色列开发的。实际上，有许多硅谷的创业公司的总公司在以色列，硅谷的只是分公司而已，这样的情形并不少见。

我曾经问过当地的风险企业资本家：

"为什么人口只有 800 多万的国家，却能如此顺利地进行一次又一次的革新呢？"

得到的回答很简单。

"因为有必要性（Necessity）。"

中东的政治局势十分紧张，以色列和周边国家争端不断。因此，政府、民间、大学、军方必须全员协力来确保经济收入。如果不保持对美国等国家的影响力，国家就会陷入危机。也就是说，不断发起革新的必要性是切实存在的。实际去到以色列，就会深刻地明白，政府、民间企业、大学和军方是怎样紧密协作共筑生态系统的。

在以色列，日常生活中也充斥着危机。在最繁荣的城市特拉维夫，稍微开一会儿车就会进入有反政府组织潜伏的危险地区。敌对的巴勒斯坦国也会发射火箭弹过来。以前我从以色列出差回来，立刻就听说了以色列政府为了报复火箭弹而实施空袭的新闻。

对他们来说，自己国家的存在并不是理所当然的事情。

为什么只占世界人口 1% 的犹太人，却占据了诺贝尔奖获得者人数的 20% 呢？原因不在于他们先天的素质。他们的聪明是在遭受了数千年的长期迫害、为了生存下去而不得不具备的智慧。

被迫害的话，即使留下文字也会被焚烧。他们将必须留给下一代的知识全部默记下来，用口头讲述的方式一代代传下去。历史上，不曾拥有故乡土地的犹太人，只能选择发展不依赖于土地的金融业。他们发展出的金融技术，是在严酷的状况中生存下去的"必要性"里诞生的副产品。迫使他们做出这样选择的，正是人类的蛮横无理。知识是他们对抗迫害时被迫学会的必要的武器。

这个人口不多的国家，不断发起变革、一次次获得诺贝尔奖的根本原因，就在于切实的必要性。

所有科技的诞生背景都离不开必要性。火、文字、电力都是人类生存的必需品，因此才被发明出来。另外，生物的进化也以必要性为基础。看上去外形奇怪的昆虫和动物，都是为了适应环境而完成必要的进化的结果。

在日本无法进行革新的真正理由

革新（Innovation）在日本一般被翻译为"技术革新"，而革新实际上是更广泛的概念，指的是使用新的思考方法和技术创造出新的价值，给社会带来巨大变化的所有行为。

在美国，尤其是在硅谷，就利用革新的力量让产业活跃起来，让国家走向了繁荣。现在世界中广泛使用的产品和服务几乎全都是由美国的企业所提供的。

Apple、微软、Google、Amazon、Facebook、Twitter 等，例子简直不胜枚举。现在，全世界都在议论应该建立怎样的社会结构才能催生出变革。

日本为了学习美国，最近 10 年也在宣扬"为了提高国际竞争力，必须推进变革"的理论，但是成功的例子却不多。许多人认为原因是"日本人没有创业精神"或是"革新性的产业没有良好的投资环境"。

但是，我在世界各国开展事业时，却以不同的视点捕捉到了一种现状。那就是，现在的日本社会中，没有发起变革所需的"必要性"。

新加坡招揽外资和富裕阶层促进经济发展，国家也积极投资金融和科技产业，在亚洲圈中以极高的经济增长率而著称。他们如此执着于提升国家竞争力，是因为新加坡和马来西亚一直保持着紧张的关系。水源主要依靠从马来西亚的进口，国土面积和东京 23 区差不多大，人口只有约 600 万人。本国在没有市场的不利环境中，为了对抗邻国的压力，只能努力发展经济。

关乎生存的紧迫的必要性让新加坡的经济有了今天的规模。

相反，一直宣扬要革新的日本并没有受到来自他国的压力，本国的市场也发展到了一定规模。在日本社会中并不存在变革的"紧迫的必要性"。所以，即使出现了变革，在如今的日本大概也并不会得到普及。

这只是我个人的观点，但我认为，努力尝试为社会提供不需要的东西却得不到回报的行为还是不做为好。在这个行动自由的时代，将变革带去最需要的社会才是更自然的供需关系。

当然，从长期的角度和竞争力的角度来说，日本也是需要变革的。但是，人类是没有紧迫的必要性就不会努力的生物，只有出现具体的危机到达威胁生存的程度时，才会感受到必要性。

这种不存在紧迫必要性的状况，对于国家来说实际上是一件幸事。不发生战争，经济安定，人民能过上维持现状的生活。治安良好，也不会发生恐怖袭击。即使不产生变革，国家也能安稳存在，这样奢侈的烦恼只有在世界上最安全稳定的国家才会出现。在观察了其他国家的现状后，我第一次有了这样的感慨。

没有迫在眉睫的危机却勉强制造出危机感的话，就是本末倒置了。如果把眼光放在日本之外的地方，就会发现世界中满是紧迫的危机。

我认为在日本考虑革新的必要性这件事本身就很奇怪。只为自己的祖国服务这种思想是近代诞生的观点，并不是自然而然的事情。在信息和人都十分自由的现代，实际上国境正在渐渐消失，这种趋势今后还会加速。我认为真正需要"革新"的是仅仅从国家和国民的角度去观察事物的价值观。

从国家的状况来看，世界各国都有类似的规律。

单一民族、单一语言、单一宗教构成的国家总是拥有类似的特征和问题。最典型的国家就是韩国。韩国的人口约是日本的一半，除了不是岛国以外，其他的条件和日本都比较相似，社会也不是十分需要革新。另一方面，大部分的韩国人还记得因通货膨胀险些危及国家存亡的危机感，所以三星等大公司一直在贯彻全球战略。

美国比起其他国家更厉害的地方在于，他们已经完全理解了这种社会机制，良好地控制着危机感，从中催生出了必要性。广泛接受移民，将不同的种族、语言、宗教收至同一个国家麾下是提高国民的危机感和竞争力的有效手段。相反，如果一个集团里都是相同民族、相同宗教、相同语言的人，和周围的人保持相同的步调就成为前提，再想接受新的结构和成员就会非常困难。在这种状况下，想要冒着风险进行革新的话，从结构上来说是很难的。

另一方面，大量接受移民，就意味着本国国民在学习和工作上要和别国优秀的人才竞争。生在充满竞争的国家，国民就无法安逸享乐。

通过接收外来人口、让本国国民与移民竞争的方式，让国民整体随时保持紧张感，就能提高国家的竞争力。

像这样，不仅是科技，构成社会的人类也具有一定的规律。

以"存在怎样的必要性"的视点来观察社会的话，或许会有新的收获。

回到原理思考

　　和科技一样，"国民国家"等社会系统，也是顺应社会中的必要性而诞生的事物。社会中发生的变化几乎全部是为了解决某种社会问题而产生的活动。

　　接下来，我会就社会系统是顺应人们怎样的"必要性"而诞生和接下来会如何发展，讲一下自己的见解。**当能够迅速满足这种必要性的科技变得普遍时，社会系统就会发生变化。**工业革命等就是很明显的例子。

　　这一章首先会回顾这一原理：

　　①各种社会系统是为了满足怎样的必要性而诞生的

　　然后会对以下观点进行验证：

　　②科技是否能有效率地满足这种必要性

接下来再考虑社会的构成。

必要性实际上能为预测充满变数的未来提供一个大致的方向，是如同指南针一样的存在。

作为思考辅助线的三种社会类型

在思考接下来的社会的构成之前，先来看看从过去到现在，社会是沿着怎样的一条"线"来发展的，来梳理一下各种社会的结构。

① 血缘型的封建社会

在近代之前，封建社会是世界的主流社会形态。有国王和贵族等特权阶级存在，下面有市民、平民、奴隶等身份的人，人们都被身份所束缚。在选择职业和结婚对象时都会被身份所限制，没有选择的自由。身份是由出生在哪个家庭决定的，在封建社会，血统便是社会系统的基础。

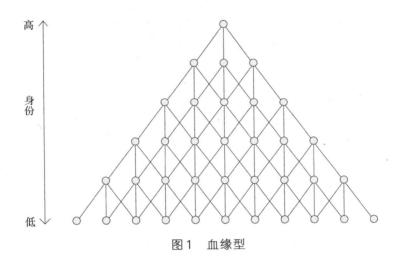

图1 血缘型

这种社会系统在 17 世纪中期开始，被以欧洲为中心开展的打倒皇室统治的阶级革命推翻了，如英国的清教运动和光荣革命，以及法国的打击绝对王权的市民革命。当时宣扬的自由、平等的观念，成为了大多数现代国家的政治基础。从这时候开始，民主主义的观念得到了广泛传播，几乎在同一时期发生的工业革命，让资本主义以城市工厂为中心得到推广。民主主义和资本主义的双重力量让原来以国王和贵族为顶点的社会系统彻底崩塌了。我们将这之后的时代称为近代。

② 轴心型的近代社会

我们生活的当今社会所共有的价值观基础几乎都是在近代

建立的。现在理所当然的自由、平等的观念，在 1000 年前根本不存在。如果想要在封建时代主张国王和奴隶平等的话，首先会丢掉性命。我们现在认为理所当然的事情，在其他的时代并不是这样。

在当下的时代里质疑理所当然的事物，也是预测未来的重要资质。

和自由、平等的价值观一样，义务教育、银行、警察、图书馆、国会、选举等，现在理所当然存在的社会系统，大部分都是近代才诞生的事物。

在近代以前，教育是只有富裕阶层才能享有的特权。

在一部分特权阶级创造的社会里，甚至不需要国会和选举。

进入近代后，以上的社会系统渐渐完善，社会变成了比从前更加扁平的构造。

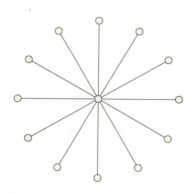

图 2　轴心型

　　这个时代的社会系统拥有"信息非对称性"的特点，换句话说，"不是所有人都能轻易地获得同样的信息"是大前提。

　　过去，贵族、王族、神职人员接受高等的教育，掌握了大量的信息，而另一方面，普通市民和农民甚至不会阅读和写字，更无法接触那些信息。当时也没有网络和计算机这样的科技，必然会出现信息不对等。虽然可以利用信件和书籍来分享信息，但不论使用哪种手段在传递信息时都要花费时间和金钱。

　　结果，社会就变成了轴心型的构造。所谓轴心，指的是在构筑通信网络时，成为最中心的集约型回路，语义的由来是"车轮的中心"。

　　在这个时代，在某处建造一个中心，收集所有的信息，再由人代理发出指示，这是最有效率的方式了。而掌握了信息，向全体成员发号施令的"代理人"则掌握了这个时代的大权。

　　民主政治就是典型的例子。在一个地区里选出最合适的代理人，出席议会，代表地区的利益。而政府作为国民的代理，执行在议会上决定的内容。

　　中央银行也是控制国家货币供给量的轴心，学校也是代替家长教育孩子的轴心，企业是代替股权人增加资本的轴心。

　　由于传递信息的成本太高，速度太慢，因此建立各种轴心、选出代理人来做"传话游戏"是近代的基本构造。权力也必然集中到了轴心的中心。

实际上，我们所在的当代社会，也有许多系统是以"信息非对称性"为前提来运作的。

③ 分散型的现代社会

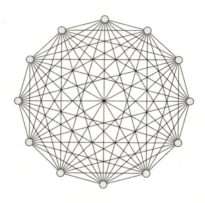

图3　分散型

近代诞生的许多社会系统都留存到了现在，但作为它们存在的前提——信息非对称性正在逐渐得到改善。网络的出现实现了信息的实时传递，而所花费的成本也接近免费。

全世界80亿人同时联网的未来即将成为现实。根据这个趋势来看，信息非对称性一定会逐渐弱化。

那么，随着信息技术发展，接下来出现的新的社会结构是怎样的呢？

首先可以想到的是，逐渐变为分散型的社会系统。

所谓分散型，也就是不存在中心的意思。即使不像近代的轴心型社会那样让代理人汇总信息，分散型社会任意节点之间也能立刻传递信息，这样一来轴心就失去了存在意义。相反，将信息汇总到轴心反而更加耗费成本。

当更方便、更有效率的解决方法出现时，社会将长时间、慢慢地向新的方向靠拢。再过 30 年左右，社会将逐渐变为不通过轴心而是个体连接成网络的分散型系统，有一部分则已经成为了现实。

电子商务就是典型的例子。在 Amazon 和乐天等网络购物服务出现前，批发商作为制造商和零售商的中间人，成为了商品流通的轴心。对于制造商来说，和所有的零售商沟通、交易十分耗费精力，而对于零售商来说，和不同的制造商沟通也很花时间。

这样一来作为中间人的批发商，就成为了代理人能够统一管理交易，渐渐对商品流通拥有了影响力。轴心型的模型构造，自然地让权力集中到代理人手中。

但是，网络的出现能够让制造商绕开批发商，甚至绕开零售商，直接把商品送达消费者手中，中间人的影响力便下降了。

如果可以抄近路到达目的地的话，人们就不会刻意花费高额的费用去"通关"了，这也是理所当然的事情。

另外，由于网络的本质是直接连接单个存在的节点，那么不通过 B2C 的形式，以 C2C 的方式直接和消费者进行商务活动也是可能的。

　　详细情况我会在后面叙述，现在不断壮大的分享型经济，就是这种趋势的一部分。

　　至今为止无法连接的节点们，一旦互相连接，信息轴心的代理人就会逐渐失去权力，这也是理解今后社会系统变化的重要原理。

科技模糊了界限

在 2000 年的网络泡沫经济崩塌后，网络让人们变得失望，在之后的 10 年里，网络仅仅被看作让社会变得更加便利的工具。但是，从 2013 年开始，这种状况发生了极大的变化。

最近几年，智能手机的销售量超越了 PC。在发达国家，拥有智能手机的人数超过了人口的一半。至今为止没有办法购买 PC 的普通人也能够享受网络的便利了。

过去的 SNS 只是年轻人的游乐场，现在则成为男女老少都会使用的社会基础设施。网络终于完成了准备期，超越了工具这一领域，开始重新定义社会系统的根基。

例如，比特币就动摇了过去几个世纪无法撼动的国家货币发行权。由于这样的影响会动摇经济基础，所以一部分国家的政府出台了限制比特币的规定。除此之外，网络提高现有产业效率、迫使企业改变结构，导致利益既得者陷入泥沼的例子也是不胜枚举。

这就意味着，网络科技影响到的领域，从社会的表层到达了核心部分。过去人们宣扬的"网络会颠覆社会系统"这一空想，在15年后的今天，终于变成了现实。

网络将会怎样颠覆现代社会呢？简单来说，就是会**模糊近代以来的各种界限**。接下来会举例说明科技开始模糊的几种界限。

① 国家和企业

为了本国人民的生活，国家必须建立必要的基础公共事业。这里所说的公共事业，是指国家使用从国民那里征收的税金，对道路、供水、电气等社会基础设施进行投资的事业。

原本这一领域是国家的职权范围，但最近已经开始被民间企业浸透了。随着全球化和网络的普及，民间企业提供的服务变成了社会基础设施，从中已经能够看到公共事业的影子。

说到社会基础设施化的民间企业，第一个要举的例子就是Google。只要有网络，无论是谁都能免费接触到全世界的信息，是Google让这一切变成了现实。在搜索引擎诞生前，担任这一职责的是图书馆。由于图书馆是公共基础设施，其建设和维持需要的费用都以税金的形式让市民来负担。但 Google 所花费的费用，并不是用户来负担的。所有搜索引擎的运营费用都是来自广告客户们的广告费用。虽然网络业界人士将广告费戏称为"Google 税"，但再没有比这个更划算的税金了。

要做生意的话，一定得交"入场费"。时代不同，交纳的对象也不同，从前是土地所有者的封建领主，后来是按比例向国家机构交纳。在现代，如果不在作为网络大道的 Google 这一基础设施中打广告的话，客户是不会来的，所以要以广告费的形式支付"入场费"。

由于税金的交纳者发生了变化，Google 就可以不依赖行政，直接向用户提供信息基础设施。

另一个要举的例子是 Facebook。Facebook 在全世界拥有 12 亿用户。这个数字相当于印度全国的人口数量，占了整体网民人数的 40%。Facebook 的职责，已经接近行政机构的户口簿和驾驶执照的功能了。

我们在签合同时，只要出示户口簿和驾照等身份证明，就能证明自己是合法存在的，而无需接受信用调查。Facebook 也在担任与此类似的功能。在 Facebook 上，保证人类的可信度的并非公共机关，而是人与人之间的"关联"。

使用 Facebook 登录其他的网站，这种功能也一样。

对于其他运营者来说，持有 Facebook 账户可以证明该用户的可信度更高，同时登录起来也更简单（而且用户也省去了用邮箱注册的麻烦）。

今后，不仅是登录网站，在现实世界里，Facebook 等网站的注册信息也起到了考察一个人的可信度的作用。现在已经有企业在招聘时会参考应聘者的 Facebook 和 Twitter 信息。

迄今为止，在国家掌控的领域被民间企业所侵蚀的案例并不只是发生在互联网行业中。

经营电力汽车公司——特斯拉汽车的埃隆·马斯克，同时也经营开发火箭相关的民间企业 SpaceX。这个公司成功做到了只用从前十分之一的成本制造火箭。

火箭开发本来是 NASA 等美国政府机关的投资领域。但是，正如在第一章里提到的，由于投资资金的流入和技术的革新，民间企业已经将航天工业看作为商务活动的一部分。对于国家来说，比起自己开发，不如利用能够自由竞争的民间企业的发展速度和扩张性，把职责分摊一部分出去。这样选择也是更合理的。

会发生这种现象是由单一民族国家的结构和时代需求不一致造成的。在单一民族国家这一社会系统的时代，不像现在这样信息和人都相对自由，所以在国境之中，政府、企业、国民都有着明确的职责。国家拥有代理人的权力，这份权力让国家能够提供充实的基础设施，而企业是做不到的。

但是，当今的企业很少只在一个国家开展经济活动。由于不像国家那样规定了领土，企业会在全世界范围内展开商业活动，渐渐拥有了强大的力量。Apple 在 2014 年的营业额是 1 812 亿美元。如果将企业的营业额看作是国家的税收金额的话，Apple 的收入在 200 多个国家中的排名在 20 位左右，等于拥有了超越许多国家的实力。

从企业的角度来看，渐渐代替国家的职责，其背景是资本主义的原理。资本主义的前提就是发展经济。当然，以资本主义为构成要素的企业也会一直谋求成长。

最初，只要满足很小的需求就能快速发展的企业到了一定规模之后，如果不能持续满足更大的需求就会难以维持发展。

如今，在经济领域中，所谓的国境正在渐渐消失，企业超越了国家的结构，自然会谋求无限的发展。

根据资本主义的原理，**巨大的跨国企业侵蚀或许不知在何时就会为了满足自身的发展而开始侵蚀原本应由国家解决的需求。**

提供满足全国人民的利益的服务，就意味着民间企业和政府之间并没有太大的区别。国家收取税金，满足国民的需求，而民间企业是以资本主义原理为基础满足用户的需要。每天面临着竞争的企业们，在速度上明显超越了国家。甚至在某些领域的职责上，企业和国家渐渐形成了竞争关系。

② 公司内外

最近几年，劳动这一概念也发生了巨大的变化。"Nomad①"这个词刚开始流行时，有些人认为"这不过是自由职业再次成为风潮而已"，但这次是在网络全面普及的背景下出现的新兴概念。

暂且不讨论 Nomad 这个词的意义是否成形，Nomad 在这个时间点流行，与其说是社会现象，不如说是由产业结构的变化所引起的。

企业只要活用众包②就无需在公司雇佣大量的劳动力。只要从世界中实时调用需要的人力资源，即使是小公司也能完成大量的工作。在移动软件应用开发方面，只有几人负责运营企业，而开发人员却有 100 人以上，这样的情况已经不少见了。现在，最大的自由职业市场 oDesk 已经为全世界 600 万以上的自由职业者在网络上找到了工作。

工作渐渐变得分散化，通过互联网外包给外部的劳动者，这样一来，要明确划分并定义公司的内部和外部就变成了一件困难的事。有能力的人会同时负责几个项目，自己公司和其他公司这样的概念就失去了意义。从今以后，一个人只能担任一

---

① Nomad 在英文里是游牧民的意思，近年用来表示使用计算机，在办公室以外的多种场所进行工作的工作方式。——译者注
② 众包指的是一个公司或机构把过去由员工执行的工作任务，以自由自愿的形式外包给非特定的（而且通常是大型的）大众网络的做法。——编者注

项职位的常态，恐怕也会渐渐改变。

我有一个朋友，平时作为自由职业的游戏监制人参与其他公司的项目，休息日则在经营餐饮店。

通过网络可以完成的工作，只要能够给出成果就无需在规定的时间上班。只要在其他行业中能够独当一面，即使不挂靠公司也能得到工作。"公司员工"这一概念，正在被科技瓦解，现在只是过渡期而已。

③ 自己和他人

网络和其他科技相比，最大的差异大概就是"集合智慧"这一点。但由于所有人使用搜索引擎就能获取相同的信息，要区分哪些是自己的知识、哪些是别人的知识就很难了。只要输入一个单词，所有人都能给出同样的回答，可以说，至今为止在个体脑内完结的知识已经做到了能够共享给全人类。

通过 Facebook 等 SNS 软件让认识的人之间能够互相共享更多的私人信息。今后也会有越来越多的事物连接到互联网，如果人们时常保持在线状态的话，他人和自己的界限就会越来越模糊，隐私这一概念或许也会发生变化。

隐私对人类来说并不是理所当然的存在。从历史来看，隐私是最近才诞生的概念。

在生活中最为隐私的行为——洗澡，到 19 世纪为止都是在公共场所进行的。日本的澡堂也是一样，过去的人们并不像现在这样在自己家里洗澡。

隐私是为了保护私人的领域，但是在罗马时代以后，几乎所有欧洲国家里，"孤独"只发生在神职人员身上。对于其他人来说，几乎所有的生活琐事都和其周围人有着或多或少的联系。

现在，人们在 SNS 上分享的信息只是他们想给别人看的信息。今后网络像电力一样渗透到社会的每个角落的话，总有一天，并非出自本意所发布的信息也会共享给其他人。

例如，智能手表等穿戴型终端得到普及，同时大街小巷中遍布传感器的话，家人、恋人、朋友之间随时随地都能共享当前的状态。

当家长能够通过智能手表确认孩子的位置和健康状态，恋人们能够通过 Google 眼镜这样的终端共享所看到的景色时，人们就会发现与他人共享自己的信息是一件比想象中更简单的事。

伴随着共享信息的优点和乐趣逐渐增多，隐私的定义也有很大的可能变得比现在更宽松。

在之前的章节里，我介绍了今后社会形态将逐渐从轴心型转换为分散型，以及在这个过程中各种领域的界限变得模糊的预想。

接下来将分析的是和我们的生活息息相关的政治和经济究竟会发生怎样的变化。这样就需要回到满足了必要性才会诞生社会系统的原理，验证科技是否能够更有效地满足这样的必要性。

国　家

国家是什么？这个概念很难用一句话说清楚。

国家是近代才诞生的，最初人们只经营着小村子和部落这样的社群。这些社群在扩大的同时也有了高度，开始拥有军队、制定法律、发行货币，逐渐进化为近代国家。

在现代，经济和政治被看成是国家存在的前提，但回顾历史就会发现，以前的国家并不是普遍拥有政治和经济体系的。

一般来说，只要拥有三项因素，就能被称之为国家。那就是领土、国民和权力。

第一项的领土是进行各种经济活动和国民生活的基础因素。看现代主要的国家就会发现，一般来说国土面积和国家影响力是成正比的（中国、美国、俄罗斯都拥有广阔的领土）。

第二项是住在这个国家的人民，也就是国民。一个国家的国民有遵守该国法律的义务。国民尽义务的话，政府就会保障国民的各种权利。

第三项是权力。国家拥有各种权力。制定法律的权力、征收税金的权力、执行刑罚的权力、发行货币的权力……可以说，正是这些权力在维持着国家的发展。

那么，为什么国家会拥有这些权力呢？换句话说，是为了满足怎样的必要性才会出现这些权力呢？在这里我想探讨一下这个问题。

如果用一句话概括国家诞生的理由，那就是"提高生存率"。和群居的动物一样，人类集团只有共同行动才能提高存活率。这样一来，就不容易遭到外敌侵袭，也更方便分享团体的知识。如果有成员受伤，伙伴会给他提供食物，像这样可以互补不足。一切团体行为都是为了降低个体的死亡率。

对个体来说，没有比生存更直接、更切实的需求了。

原始人一边进行集体狩猎一边生活。但是，狩猎不一定每次都能获得猎物，并且是风险较高的生活方式。一段时间过去后，人类就开始从狩猎转移到不确定性较低的农耕和畜牧。虽然农耕和畜牧花费的精力较多，但只要拥有一定的土地和知识就能长期确保一定量的食物。在农耕社会中，土地就是经济能力的源泉。

集体通过扩大领土就能确保更多的食物、养活更多的成员。从属于集体的个人，通过耕种更多的土地，就能过上更好的生活。

个人以纳税的形式向集体获取资源的一部分，而集团不断扩大领土，让每个成员都过上更富裕的生活。

另一方面，随着领土扩张，群体成员也在不断增加，自然也会出现不和谐的成员。在这个阶段，为了更有效率地维持集体运作，就会给予特定的人员权力，让整个集体的成员都遵守规则。这就是权力的起源。

在近代，权力集中在代理人身上，会让各种流程都变得更有效率。国家是代理人中最高级的存在。国民的权力集中在名为国家的代理人身上，这样来运营的近代社会是最有效率的。

在近代之前，国家（或者近似国家的集团）也负担着代理人的职责，但在近代，这种特征被不断贯彻，达成了具有一定规模的效果。规模越大，就能获得越多的国民和领土，权力自然就得到了增强。

领土·国民·权力

这种近代国家的系统，在新兴科技的影响下会发生怎样的变化呢？

首先是领土。从前，对国家来说，土地的面积直接关系到农业和工业的生产能力，土地就等于国力。但是在资本主义成熟之后，全世界产业的中心从农业和工业，转移到了不受物理条件制约的金融和信息通信领域。虽然这个现象经常被人指责，但很少有人谈及这种变化是被怎样的必要性所催生的。

资本主义社会总是在寻找下一个金矿，也就是更有效率地增加资本的方法。在人类欲望无穷尽的前提下，活用这种欲望寻求经济发展是资本主义的本质。资本主义中最高的必要性便是"快速增加资本"。

那么，在农业、工业、金融、通信产业中，哪个能最有效率地增加资本呢？

农业和工业是将资本以商品这种物质的形式归还到现实世界的手段，然后通过贩卖物质的商品实现资本的增加。而金融和信息通信不会产生归还到现实世界的物质。金融是借资本产生资本，信息通信是将信息变为资本。货币和信息都只是一种概念，是非物质的存在。

将物质归还到现实世界来增加手中的资本，和通过无形的概念的交易来增加资本，哪个更有效率？哪个更快？结果不言自明。在现实世界中制作有形的商品需要工厂，从仓库到配送等环节会有物理上的限制存在。这种限制越多，增加资本的速度就越慢。

另一方面，不需要场地和时间，在信息层面就能获取资本的产业的可扩展性也更强。不需要工厂、仓库，也不需要上万名员工，在世界中任何一个地方都能开展业务，更不需要太多的初期投资。

人类只要持续寻求更有效率、更有可扩展性的增加资本的方法，经济的中心就必然会从农业和工业转移到金融和信息通信这种非物质的领域。 就和水往低处流一样，根据资本快速增值的原理，产业会转移到经济的中心。只要能读懂这种"流向"，就能在某种程度上预测到今后的方向性。

美国至今保持着世界霸主的地位，正是因为美国捕捉到了产业转移的时机，对其进行集中投资，让本国的企业渗透到其他各国的市场。

从计算机诞生之时，美国就出现了惠普、IBM、Apple、微软、DELL 等跨国企业。网络产业诞生后，又有 Google、Amazon、Facebook、Twitter 等以硅谷为中心的企业成长到全球级别的规模。

美国的西岸有硅谷，东岸又有进行企业证券交易的世界最大金融中心——华尔街。

坐拥当今主流的金融和信息产业并保持绝妙平衡，这正是支撑美国的强大力量。

随着网络和金融这种不受地理因素束缚的产业成为经济中

心，领土的重要性也被削弱了。

像新加坡那样，领土狭小、资源匮乏，经济却能蓬勃发展的国家，正是领土的重要性正在不断降低这一趋势所促成的结果。将来，领土狭小的国家成为世界中心也是很有可能的。

接下来是国民。

像中国和印度这种人口大国，今后的市场发展是很值得期待的。另一方面，像日本这样人口老龄化的国家，成长缓慢也是很自然的事情。

虽然现在是制造者（生产者）不用选择地点就能开展商务活动的时代，但使用货币较多的当然还是消费者（国民）较多的地方。所以，国民人口越多，国家影响力越大的趋势今后还会持续下去。

但是，包括结算等业务都能在无国界的网络上完成的今天，从前单纯的人口和国力成正比的时代会渐渐成为过去。

之前说到国家是集团进化的结果。而集团（Community）这个词原本是和交流（Communication）联系在一起的。所谓集团，本来就是拥有相同思想和教义的人们进行交流的场所。

在如今的时代，不论身处何处，都能与相同思想和教义的人进行交流。在不受土地束缚的时代，国民和国家的关系也在渐渐发生改变。

世界最大的 SNS 网站 Facebook，在全世界拥有 12 亿以上用户，加上他们收购的 WhatsApp 和 Instagram，累计用户数达到了 20 亿。

提供交流的场所，已经不仅仅只是国家的职责，国家已经渐渐无法向国民提供从前的优待。

过去，在以农业为中心的社会，想要过上更好生活的国民和想要扩张领土的国家，这两者利益是一致的。但是如今，社会以经营无形的商品——服务业为中心，两者就不再有一致的利益，国家和国民的关系渐渐变成形式上的存在。

尽管如此，在从属方面不再感到优越感的国民并不拥有选择国籍的自由。至少，国家这一社会系统在形式上会留存相当长一段时间。原因是国家还拥有权力这个强力的武器。

权力是国家成为国家的最大因素。国家拥有强制领土上居住的国民们行为的权限，能够以法律的形式制定规则。统治权才是现代国家的根本。

我认为国家会在形式上留存下来，是因为即使时代和必要性在发生变化，国家在法律和规则的制定上，也会多少阻拦世界发展的趋势。选举系统没有导入网络，就是国家在制造障碍、阻止更有效率地进行交易的明显例子之一。

但是，即使趋势变化的速度被削弱，总有一天必要性会发生变化。国家能够拥有如此强大的统治权的原因在于国家掌权是效率最高的发展方法。扩张领土、增加国民的话，作为轴心的国家的工作就会增加。

作为代理人的国家一旦没有强大的权力，整体的管理就会跟不上。

计算机和网络的登场，让这种统治的方式渐渐发生了改变。信息技术的发达让强力的轴心存在的意义变得越来越薄弱。只要能做到不受时间和空间制约传达信息，使用分散网络型的系统就用足够低的成本来进行管理。选举就是其中的典型（详细会在后文叙述）。

迄今为止国家进行的庞大信息的管理和处理，在当今的时代使用民间企业和个人制作的系统就能完成。在某些场合，许多民间事业能够做到比国家更有效率、以更低的成本来运作。Google 成为了信息共享的基础设施，Facebook 成为了个人信用担保设施，就是明显的例子。

我在前文中提到，代理人集权管理这种高效的社会系统是在 17 世纪至 20 世纪确立的。

军队、工厂，甚至学校的共同点就在于大规模、统一管理个体的行动，不论针对哪个规律，在这个时期都制定了标准。

在近代之前，农耕社会里并不存在高效管理的价值观。

在工业革命后，社会进入了工业时代，为了快速增加资本，人们制定了规则，凸显了统一管理的必要性，时间管理才变得重要起来。效率这一价值观，随着资本主义的普及，也渗透社会的方方面面。在这个过程中，无数的小规模集团和个人被国家统合，在统一的规则下进行经营活动，形成了更高效的社会。

到了21世纪，原本有效运行的轴心型国家，和更有效率的分散型结构的民间企业与个人开始互相竞争。这时候，对国家来说最有威胁的竞争对手就是跨国企业。

国家VS跨国企业

在经济领域中，国境已经几乎消失了。我所经营的公司在8个国家和地区设立了分公司，在各地分别开展事业，只要遵守规定的手续推进事业，要创业其实是很简单的。

而国家由于被领土所束缚，就无法像企业一样简单地扩大活动范围。如果国家要从物理意义上扩大领土的话就会引起战争。有些国家能够在领土内部发挥压倒性的力量，但是在机动性和灵活性上，还是无法胜过民间企业。

国家和企业原本都是为了满足世界中的"必要性"而诞生的组织，不同点只在于各自的手段。国家通过执行法律和提供公共服务来满足国民的必要性，而企业则是提供自己的产品和服务来满足用户的必要性。

从前，大多数企业的活动范围都限定在国内。但是，随着全球化的趋势和网络的普及，企业从土地上被解放了出来。只要企业遵循资本主义的原理谋求成长的话，就会一直侵蚀国家的职责领域。这种侵蚀行为已经不仅限于企业所在的国家，而是发展到了全世界。

要问为什么民间企业会拥有如此的竞争力，那是因为比起国家，他们能够更好地解决成本和效率问题。

如果经营学校的话，就能理解民营和国营的差异。公立学校只提供最低限度的义务教育，而私立学校和补习学校为了提高竞争力会将从品牌到营销环节都做到极致。因为不好好经营的话，就不会有学生来。

日本的顶级大学是国立的东京大学，而哈佛大学、斯坦福大学等美国的顶级学府几乎都是私立大学。哈佛大学等名牌大学像跨国企业一样通过招聘和收购网罗各国的优秀人才，跨越国界开展激烈的人才争夺。和各国的国立大学相比，海外的名牌私立大学已经拥有压倒性的竞争力了。

开始用权力限制跨国企业的国家

面对民间企业的侵蚀，各国都开始使用权力与其对抗。例如，法国为了反对 Amazon，颁布了禁止网络零售商免运费销售书籍的法律。

Amazon 为了扩大市场份额，大幅降低了书籍的价格，面对这样的攻击，法国的做法是为了防守。对消费者来说十分方便的 Amazon，在书店看来，简直就是完全无法抵抗的劲敌。

Amazon 是美国的企业，法国政府想要对其进行征税并不容易。由于多国籍企业能够利用避税港躲过征税，对于法国来说，击溃国内企业的外资企业 Amazon 简直是眼中钉。

征税是在近代国家中才存在的系统。

在网络普及的今天，这样的矛盾渐渐开始显露。在国家内部，企业进行活动是理所当然的事情，而在当今的时代里，总会有无法预料的事态发生。如今商业活动不被土地所束缚，从而和以土地为基础的征税系统产生摩擦，在某种意义上也是必然的事情。

在德国，民众向议会提议要制约独占鳌头的搜索引擎 Google，这件事已被提上了议程。在整个欧洲都没有能和 Google 对抗的本地企业，对于侵蚀本地市场的美国企业的不信任的情绪在不断高涨。欧盟已经正式起诉 Google 滥用垄断市场的地位，要求 Google 交纳 60 亿美元的罚款。

日本政府也开始制定策略阻止 Google 的垄断。2014 年 10 月，日本的经济产业部门开展了"考虑在数据驱动型经济社会中竞争政策的座谈会"，主题是培养能对抗 Google 的企业，以及制定防止 Google 垄断市场的法规。Google 的影响力已经大到了让各国政府坐立不安的地步。

在这一点上，中国是很有先见之明的。在中国，除了一部分地区外，其他地方都无法使用 Facebook。外资企业被关在国门之外是由于政府的控制起作用。

因此，硅谷的互联网企业也无法在中国内地占有市场。连Google 也迫于压力，无法从竞争对手——百度手中夺取市场，最终将服务器转移到香港。

从前，对于中国的政策，国际舆论都是持观察态度。但是，当自己国家的产业被硅谷企业抢走市场时，各国政府又开始采取相应的对策了。

现在在互联网产业这一领域，限制外资、重点培养国内企业的中国是唯一有可能和美国竞争的国家了。中国培育了百度、腾讯、阿里巴巴等大型企业，尤其是阿里巴巴，在纳斯达克中超过了 Facebook，成为了史上最大的 IPO，现在的时价总额已经超过了 20 兆日元。

中国政府一定是提前预见了科技对于社会的影响。因此才能及时做出应对，从而让本国企业发展壮大。

Google、Facebook 被各国如此强烈抵制，不仅是因为它们规模庞大，而是因为与沟通相关的领域会给国家舆论带来影响，国家自然会感到紧张。

在此之前，国家要控制舆论的话，只要控制电话公司就足够了。但是，由于现在网络上的交流成为了主流，要如何管理拥有网络服务的企业就成为了让政府头疼的课题。LINE、KAKAO TALK、Viber 等聊天软件飞速发展，从而被一部分国家的政府所限制。国家只是限制软件的使用是因为政府还没有找到管理应对它们的方法。

纵观朱利安·阿桑奇创立的维基解密和爱德华·斯诺登的事件，许多人都认为政府无法彻底管理网络。但是，我个人认为网络正处于政府的监视下的可能性有 50%。

但是，如果网络完全被政府所监视的话，也许还会发生其他的状况。恐怕人们会寻求其他更加自由的网络，用来绕开这种监视。

大家知道因 2014 年香港游行而出名的应用软件 Firechat 吗？这款软件的特征是通过移动设备的多跳网络，不使用网络供应商的线路就能进行交流。这样一来，政府就无法阻拦网络和通信，也无法检查其通信内容。只要有其必要性，即使政府堵住一个出口，人们也会利用科技寻求其他迂回的方法。政府的政策和科技的对策之间的角力，今后也会持续下去。

以营业额相当于全世界国家预算前 20 名的 Apple 为首，只看经济影响力的话，Google、Amazon、Facebook 等巨头企业的规模已经超过了一些小国家。**如今，排名前列的发达国家所警惕的，并不是周边的小国家，而是不论在何处都能运作的跨国 IT 企业。**

融合的国家和企业

Google 和 Amazon 等公司，已经不能被称作单纯的民间企业了。

前文中曾提到国家被土地所束缚，无法随意行动，国家所拥有的权力仅限于本国。但是，民间企业不受地理条件的制约，自由地开展商务活动。

而现在，国家和企业分别在各自擅长的领域发展，开始构筑起合作的关系。国家拥有权力，而企业拥有在活动领域的扩张性和机动性。如果这二者互补的话，简直就是如虎添翼。

从结论来说，各国政府所警惕的并不是 Google、Amazon 等单个的企业，而是它们背后的美国政府。

虽然要看清全局比较困难，但是只要换个视角看，就能发现巨大的跨国企业都是该国政府的代言人。事到如今，各国也开始有了 "Google 实际上是另一种形式的美国" 这种意识。

对于美国来说，IT 企业不断扩大商务活动范围的话，也能更顺利地展开间谍活动。美国不仅有使用人力进行间谍活动而闻名的 CIA（美国中央情报局），还有使用信息技术进行间谍活动的组织 NSA（美国国家安全局）。

NSA 的知名度不及 CIA，但它是拥有 10 万人员、5 兆日元预算的巨大组织，其规模是 CIA 的 4 倍以上。

以前曾有新闻报道说 NSA 在监视美国的网络，引起了很多议论。

如果将 NSA 看作是为了国家安全保障而收集网络信息的"秘密"组织的话，Google 就是为了提高人们生活质量而收集在明面上的信息的"公开"组织。虽然手段不同，但两者的活动都和美国的利益有紧密联系。

如果说 NSA 能够获得美国企业的内部信息的话，那么美国企业在世界范围内占领越多市场，NSA 就能获取越多的信息。对于各国政府来说，这是安全保障上的潜在大危机。

之前说到，各国政府对交流信息的基础建设非常慎重的原因就在于此。

美国如果认为利用民间企业能提高美国的国际影响力的话，就会全面扶持 Google 等企业的发展。相反，企业方面对国家提供一些帮助也是很正常的事情。

实际上，2014 年美国中期选举时，提供政治资助最多的企业就是 Google（第二多的是高盛集团），共和党与民主党中许多候选者都是接受 IT 企业的资助参加国政选举的。从这一点上也可以看到 Google 的隐藏面目。

从这样的观点来看，中国采取的战略，以及欧洲和日本的警惕行为的原因也是可以理解的。这并不仅仅是国家和企业之间经济层面的摩擦，在这背后，还隐藏着美国和其他国家的竞争。不仅本国税收面临问题，大量的劳动力也被美国公司雇佣，这样的情况各国政府是无法放置不管的。

美国已经在着手政府和大学、民间企业的合作了。DARPA（美国国防高等研究计划局）的军官转职后会进入 Google，而 DARPA 所支援的两脚行走机器人的开发公司 Boston Dynamics 也被 Google 所收购。

不仅是 IT 领域，在宇宙产业中，政府也开始扶持民间企业。埃隆·马斯克创立的 SpaceX 的多数收入就是来自 NASA（美国国家航空航天局）的订单。在此之前，火箭和太空舱的开发都是政府内部独立完成，现在则渐渐外包给民间企业，减少了成本。

政府和企业各自完成自己擅长领域的工作，这样一来，国家和企业在竞争的同时，也渐渐开始消除界限，构筑起共生的关系。不论是国家的企业化，还是企业的国家化，都正在进行中。

围绕货币发行权的竞争

国家所拥有的权力中，最重要的一项就是货币发行权。例如，日本所使用的日本银行钞票是国家规定的法定货币。由于有政府做后台，就能够强制要求国民接受并使用这种货币。

国家能够通过中央银行控制市场中流动的货币数量，如果没有这项权限的话，国家对于经济的直接影响力就会大幅下降。

比特币的登场直接否定了中央银行系统的存在，给世界带来了很大的冲击。

比特币最大的特征就是在没有货币发行方也能正常流通。原本货币是需要发行方的，通常发行的职责是由中央银行来担任的。

简单来说，比特币是一种使用了区域链技术的暗码货币，网络会记载其全部的交易记录。因此，即使没有发行方，也可以从记录中把握货币的流通情况，没有中央管理者也可以正常流通。

这种暗码货币的匿名程度也很高，所以在初期，各国政府十分警惕比特币。也有人质疑比特币是否被不法分子用来贩卖毒品等违法交易或者向恐怖分子提供资金援助。

如果这种暗码货币得到普及的话，那么从外部就无法追踪到交易人和交易内容了，这样一来会发生什么变化呢？

首先，国家的征税权会被削弱，政府的税收会减少。无法追踪交易内容就无法把握个人的资产状况，征税的依据就不成立了。也就是说，**失去货币发行权约等于失去征税权。从结果来看，国家就失去了各种权力的源泉。**这就是为什么各国会对比特币持警惕态度。

由于各种担忧和制约，目前比特币市场占有率还很小，但是现在生活中已经出现了类似的情况，那就是电子货币的普及。

例如，日本的 T 积分和 Suica 中充值的余额和在银行账户中积蓄的存款是不同的。现在，从法律的角度来看，电子货币不过是服务器上的数据，而并非纯粹意义上的货币。但是，实际上这些电子货币在便利店等地方可以作为真正的货币一样使用。

像这样，电子货币的流通增加的话，实体经济的交易量和名义上的货币流通量就会变得不一致。经济规模看上去是缩小了，但实际上经济中心转移到了虚拟经济上，这样的情况正在逐渐变为现实。

今后，如果企业和组织继续发行电子货币和积分，构筑起独自的经济系统的话，国家要准确把握国民的资产和收入状况就会变得越来越困难。例如，一个人银行现金账户里只有 10 万日元，但是 5 个电子货币账户里各有 10 万日元余额的话，要如何判断他的资产状况呢？要划清资产界限，以及严格管理所有电子货币是非常困难的。

国家的职责被跨国企业替代，作为权力源泉的征税权也被削弱，一直以来的国家力量被削弱的可能性也会逐渐变高。但是，现在就断言国家会逐渐变得软弱还为时尚早。

国家如果巧妙地利用企业的力量克服自身弱点的话，也许会进化出新型的国家。

例如，爱沙尼亚的总统选举就可以使用智能手机投票，大幅度提高了国家选举的效率。选举的成本降低后，节省下来的预算可以用于其他地方，就能够提升国家的竞争力。新加坡政府也在积极投资实业，填补了资源的缺乏和领土的空缺，在亚洲一直保持着较高的经济增长率。

从前，作为国家主要因素的领土、人口的重要性逐渐降低，那么看清这种趋势，将其应用到本国战略上的国家，就能增强本国的影响力，寻找到创造新型国家的方法。

政 治

　　作为国家轴心的政治，在科技的影响下会发生怎样的变化呢？为了探讨这个问题，我们首先需要思考政治是为了满足怎样的必要性而诞生的。

　　市民聚集在广场上聆听辩论者的演说，用当场讨论的方式来制定决策，这样简单的直接民主制适用于像古希腊这样的小规模的城邦国家。但是发展到几百人、几千人规模的国家后，在广场聆听代表者演说并进行投票的做法更有效率。这时尚且不需要太复杂的制度。

　　等到人口增加到几百万时，这样的做法就行不通了。在一个国家里，出现了利害关系不一致的多个群体（部落、阶级、组合等）。随着利害关系的复杂化，讨论的内容也逐渐变得更加细致，要整体把握每个人的主张就变得更难了。所以就需要一个让全体相关人员都能够信服的系统。

这时候诞生的就是从各地域选出代表，作为代理人互相讨论问题的间接民主制。国民选出能够代表自己利益的、值得信赖的人，给予其做出决定的权限。间接民主制具有典型的轴心型现代社会的特征。

如果政治也从轴心型变为分散型的话，会发生什么事情呢？

现代的间接民主制的诞生是由于国家无法应付大量的人聚集在广场上议论。

也就是说，只要科技能够解决物理制约和操作上的问题，今后采用间接民主制流程的必要性也会消失。

只要使用网络就能完全解决这些问题。5 年后世界上大部分人都会时刻携带连接网络的终端，处于随时能够收发信息的状态。这样一来，即使不去广场集会，也能在网络上收集几百万、几千万人的意见，还能实时处理和分析这些数据。

但是，收集数据和制定决策需要分开考虑。虽然现在系统能做到收集数据，但是要将政治决策也交给系统来决定的话，还需要相当长的时间。原因是对于政治问题的讨论并非是找到正确答案的手段，而是让所有相关人员能够信服的仪式。从系统中导出的结论想要得到多数人信赖的话，还需要花很长时间。

被省去的选举与议会

不仅是政策决定，网络也会给政治资金的调配方法带来很大的影响。

在迄今为止的政治活动中，政治家想要实现某项政策需要通过议会，从税金中拨出预算。因此，需要花很多时间在政党内部爬到有力的位置。

另一方面，通过众筹，只要存在想要落实政策的人和为其提供资金的人，这样的政治活动也能够成立。不需要走复杂的调整、决议、获得预算的流程，也不需要代理人，通过简单的方式就能反映出民意。

如果不将这种方式作为政治活动，而作为商业活动继续下去的话，就和普通的投资没有区别了。只要民众有需求的问题，有人希望用商业方式解决问题，有人愿意对其投资的话，那么通过网络提供资金就能够获利了。

实际上商业和政治的目的是几乎相同的，只是选择的途径不同而已。找出民众的需求，并且提出解决方法的过程是共通的。而在这个过程中的资金调配是投资的话，就是商业活动；是税金的话，就是政治活动。不论哪种方式，都是解决问题的行为。

从前，一个人想要从政，或者说想解决社会问题的话，成为政治家是最好的选择。

但是想要实现理想，需要花多少时间呢？新人议员加入政党、加入派系，到能够被法律认定的地位，最少需要 20 年以上的时间。

如今在 20 ～ 30 岁人群中有影响力的政治家，几乎全部都是生来就具备了 "地域、知名度、资金" 三大要素的政治家族的二代、三代的世袭议员。在政治的世界中，拥有领导力的老一辈政治家，绝大多数也是世袭议员。

在这样的状况下，普通人想要真正解决社会问题的话，成为政治家并非是最佳的选择。

"社会创业家" 这个词的流行，正是当前趋势的写照。从前都是在政治领域被解决的问题，现在创业家们正在尝试在经济的领域解决它们，这样的情况最近也增加了。

在分散型的社会中，选举和议会都是被省去的对象。比起从政，在机动性和灵活性更高的商业世界中一决胜负的做法，或许能更快速地解决问题。

投票率低是坏事吗？

关于日本年轻人投票率低的问题的议论，不是近年才出现的。但是，如果从轴心型社会向分散型社会变化的角度来看的话，针对投票率低下的问题，也能发现一些新的观点。

日本引进选举系统是在明治时代，已经是 100 年以前的事情了。到今天为止，这个系统基本没有更新过。

　　明治时代和现代的社会状况完全不同。习惯在网络上收集信息和交流的年轻人，对于在特定时间去特定场所，在纸质的投票表上写名字这样的行为，一定会感到疑惑。

　　我认为，投票率低下并不在于年轻人不关心政治。

　　如果环境和条件改变的话，解决问题的手段也要改变。在改变既定流程也能达成从前的政治目的的时代中，主张着"提高投票率"，却不考虑有所改变的做法，说成是停止了思考也不为过。

　　真正需要考虑的问题，是使用怎样的系统能顺利地听取民意，更有效率地解决社会课题。懒惰地持续使用原来的做法是没有意义的。现在需要考虑的并非是提高投票率的方法，而是合乎时代趋势的新型社会系统的构成方式。

　　在轴心型近代社会转变为分散型现代社会时，要读懂社会流向，最重要的一点是回到原理考虑，它是顺应怎样的必要性而诞生的。当目前的系统机制开始变得明朗时，就会知道能否使用新科技实现更有效率的方法了。

　　这样的做法真的有必要吗？有没有其他更好的方法呢？这样的疑问需要时常记在心中。如果不对眼前的结构提出疑问，而只在现有的结构中寻找答案的话，只有手段变得更具目的性，讨论就会变得偏离本质。提高投票率的行为就是将手段变得更有目的性的典型案例。

国家也需要经营战略

今后民间做起来更有效率的事情会逐渐民营化，民间和行政服务需要互相竞争，提供更优质的服务。

从今往后，不仅是企业，国家也需要提升竞争力。在需求较高的领域进行投资，在需求变低的领域削减投资、追求利益的最大化，在这一点上国家运营和企业经营是一样的。

因此，需要利用科技将能够提高效率的领域效率最大化，削减成本后进行下个时代的投资，和别国拉开差距。

美国的强大之处在于，捕捉到了金融和网络产业的趋势，将其变为本国的强项，以及顺应全球化趋势积极利用移民政策使经济活化的举措。

相反，中国则是吸收了美国所制定的世界标准的优点，将控制权牢牢掌握在本国手中。不论是中国还是美国，经营战略都相当明确。

资本主义

接下来，要探讨科技给资本主义系统带来了怎样的变革，就要追溯到货币的起源来思考了。

作为价值媒介而诞生的货币

先来看看资本主义是为了满足怎样的必要性而诞生的吧。

关于货币诞生的理由是为了能够顺利地交易"价值"这一模糊的概念（由于价值的定义比较困难，在这里暂时先定义为"他人需要的资源"）。

货币具有保存、衡量、交换的作用。本来货币就是为了解决物物交换时的不便而发展起来的。

在没有金钱的时代，最贵重的东西就是食物，但食物会随着时间而腐坏，重量太重也无法运送到很远的地方。因此，就需要一种"不会腐坏又很轻的东西"来作为价值交换的媒介。从贝壳到金属到纸币，这种价值的媒介，随着时代和社会的变化，形态一直在改变。不论是哪种形态，只要将资源换成货币，在自己需要其他资源时，就能用货币进行交换。

现在世界上最古老的货币，是公元前 1600 年左右的贝壳。

货币在资本主义发达之前，就存在于人类社会中了。

随着资本主义的诞生成为社会的主角

从前，拥有悠久历史的"货币"的存在感并没有现在这么大。从宗教到身份，对人们来说最重要的东西，随着时间的推移一直在变化。

货币出现在历史的舞台最前沿是在 300 年前的 18 世纪，在这个时期社会变化速度急速上升。市民发起革命，个人从阶级中得到解放的同时发生了工业革命，产业中心从农业转为工业。这时，提供劳动价值获得资本的劳动者，和使用资本拥有工厂的资本家，两者就形成了对立的立场。

光荣革命之后，贵族的没落导致阶级的影响力渐渐薄弱，建造工厂的原始资本——货币就变得非常重要了。对劳动者来说，货币作为生活的保障，存在感也渐渐增强了。这时候，最重要的因素从阶级变为了货币，货币便开始成了社会的主角。

资本的"独行"

在 18 世纪工业革命之后，随着货币成为社会的中心，人和货币之间的关系也产生了激烈的变化。从这时候开始，比起考虑要怎样提供更多价值来增加货币，一部分聪明人已经察觉到，寻找利用货币生出更多货币的方法的效率更高。比起生产商品并在市场上贩卖来换取货币，不通过商品这种物质的存在，直接用钱生钱会更有效率。

这时候，本来作为价值媒介工具的货币，就从价值中分离出来了。证券体系诞生后，货币可以作为金融商品进行贩卖，这样就进一步加速了货币独行的趋势。

所谓"证券化"，是将从资本中生出的资本变为证券这种"权利"进行贩卖的方式。和不动产、债券等一样，这种资产无法称为直接的资本，将来却有生出资本的可能性。和现在的有价证券不同，我们所使用的纸币（银行券），一开始也是以银行债券证书的形式流通的，实际上这也是证券的一种。

随着证券化的发展，开发出"将证券证券化"的手法，证券和实体经济的消费已经没有了关联，只有资本在运作并持续增值。

为什么资本可以靠持续运作来增值呢？例如，银行接收了年利率 1% 的货币存款，再以每年 5% 的利息将货币借给企业。

企业将暂时不使用的资金寄存给银行。银行可以再将这些资金以 5% 的利息借出。像这样，银行持续地吸收存款和发放贷款，即使银行的实体资本没有增加，名义上的资本也会增加。这个过程一般来说就被称为信用创造。

原本为了让价值交换变得更有效率而诞生的金钱，到了这个阶段，不断增加金钱则变成了目的。

货币不过是选项之一

信息技术等新兴科技诞生后，人类所创造的概念也不得不发生变化。

在 IT 技术诞生前，记录文字的主要载体是纸张。但是，随着 IT 技术的发展，人们能够用电子方式记录文字并自由地传输，纸张就变为了记录载体的一个选项。

从另一个角度来看，由于 IT 技术的诞生，纸张的存在感也大幅降低了。

在"变为一个选项"这点上，货币也是一样。本来，货币是为了让价值这种没有实体的事物在交换时更加方便而创造出的概念，要将其电子化是很容易的。一旦人类有了货币电子化的概念，不管是国家发行的货币，还是企业发行的电子货币，还是像比特币那样的暗码货币，对于消费者来说一样都是有价值的保存手段。

价值数据化之后，保存手段就变得更多样了，人们便不再重视货币本身，而是开始重视其根源——价值。因为货币只是价值的一个媒介而已。

随着网络的普及，过去无法量化的各种价值都能够通过数据来量化了。

例如，在 SNS 上可以用数字来换算出过去无法衡量的"来自他人的关注"。说得极端一点，即使一个人的存款是 0 元，但是在 Twitter 上有 100 万人关注的话，想要开展一番事业也是有可能的。

在 SNS 上可以招募朋友，可以进行资金众筹，有不明白的事情也能向粉丝们询问、借助他人的智慧。

这样的人，随时可以将"被他人所关注"这样很难换算成货币的价值，转换成人、资本、信息等其他的价值。

再举一个例子吧。假设有款软件，每个月的用户超过了 1 000 万人，而销售额是 0 元。开发这款软件的企业，即使销售额是 0 元，也拥有创造数百亿企业价值的可能性。由于已经拥有了用户数量，也就是"用户的关注度"，靠广告收入立刻赚取货币也是十分可能的。在这里，计算企业价值时，比起销售额（资本），每月用户数量成为了更重要的指标。

在网络出现以前，要准确量化信用和关注度等指标是很困难的。但是随着网络的普及，将各种价值作为数据来看待，这些数据就开始发挥和货币一样的力量了。

对我们来说，在当今社会中将价值最大化也无法随时将其换算为其他的价值。

财务报表上无法记载所有的价值

随着手段的多样化和资本的最大化，焦点也转移到了作为资本根源的价值最大化。这样的变化会给经济带来怎样的影响呢？

在资本是保存价值的唯一选项的时代，销售额和现金流等记载在财务报表上的数字就是一切。但是，在有多种方法可以让资本以外的价值也达到最大化的现代，这样的前提就渐渐发生变化了。

2014 年，Facebook 花费 190 亿美元收购了年销售额不过 20 亿日元的聊天软件 WhatsApp，成为了当时的话题。这项收购从资本的观点来看是看不到其本质的，Facebook 收购的并不是 WhatsApp 在资本方面的价值，而是支持世界 4 亿人交流的基础设施的价值。

光看 WhatsApp 的财务报表的话，是看不到 190 亿美元的价值的。但是，它们拥有庞大的用户数量，蕴含着可以随时交换成其他资本的价值（这暂且不讨论要在什么时机交换）。

WhatsApp 的数据价值虽然没有转换成现实世界的资本，但只是建起了系统，之后也总有一天能将这份价值转换成资本。实际上，Facebook 所付出的市值评估 190 亿美元，并非支付销售额的资本价值，而是用来购买世界上 12 亿人的社交数据的价值。

Google 也是一样。Google 的市值评估总额约为 40 兆日元，日本所有的 IT 企业的市值评估加起来也没有这么多。但是，Google 在 2013 年的销售额是 5 兆日元，利润为 1 兆日元，日本也有企业的销售额是超过 Google 的。那么，Google 的市值评估究竟是如何达到 40 兆日元的呢？

Google 拥有将搜索引擎和安卓系统以及 YouTube 上所得到的信息全部作为数据存储起来，无论何时都能利用这些信息在 Adwords 广告系统里赚取金钱的手段，也就是转换资本的手段。

但是，以现在的财务标准来看，信息（服务器上的记录）无法作为资产来计算。所以 Google 真正意义上的资产并不能记载在它的财务报表上。

财务报表是在数据化时代之前就出现的事物，如今其指标越来越难以正确地衡量企业的价值了。对于研究数据的企业来说，信息就等于价值。

或许对 Google 来说，信息的价值也好，营业额利润的资本也好，虽然衡量标准不同，但本质是差不多的。实际上，利用它们所拥有的信息量要创造 20 亿营业额也不是不可能。只要把

YouTube 和 Gmail 改成收费制度，并增加页面上的广告的话，在短期内增加销售额是很简单的事情。

从目前的情况看来，Google 似乎是有意在控制将信息转换成资本的量。在资本主义中，是资本控制企业，但 Google 则是企业控制了资本。

如今在 IT 业界，大家开始普遍认识到资本之外的价值是数据，拥有不计入资本的价值的公司迅速成长，这样的状况在网络普及之前是没有人会预料到的。

按照这种趋势来思考，Google 投资自动驾驶汽车领域的理由也十分明确了。在此之前要收集人们驾驶汽车的方法和目的地的数据是很难的，这样的数据也无法变现为资本。

但是，自从网络走出室内，普及到社会各个角落，收集驾驶数据的成本就一下子降低了。通过网络获得的数据，使用在广告等其他服务上很容易就能转换为资本。即使不做广告，也可以和保险公司合作推出最合适的保险套餐等，变现的手段多种多样。

不动产公司的资产是不动产，证券公司的资产是证券，对 IT 企业来说信息就是资产。现在的会计系统会把不动产和证券算作资产，却不会把信息计算进去。这就是某些企业的市价评估和财务报表相差如此之大的原因。

随着信息技术的普及，社会正在从以货币为中心的资本主义转换为一种难以换算为货币的价值为中心的社会。为了方便起见，这里暂时把资本主义之后的社会形态称为"价值主义"。

政治与经济合为一体

价值主义不仅会给商业领域带来巨大影响，应该还会给社会整体带来巨大的变化。例如，从价值的观点来看，是没有必要区分政治和经济的。

市场经济的形态是刺激人们的欲望，并支持人们希望过上更好生活的愿望。资本和市场是为了实现这些而存在的手段。

而民主政治的形态是听取民众的不满，努力做出全员都能理解的决定。议会和政府是为了实现这一目的而存在的手段。

经济承担着改善个人生活的职责，而政治承担着改善全员生活的职责。

在现代社会中，市场经济和民主主义作为社会的两大基础保持着平衡。市场经济不擅长的领域交给民主政治，民主政治不擅长的领域就交给市场经济，这样一来社会才能正常运转。

从价值的观点重新解读的话，现在政治和经济已经越来越相近了。

格莱珉银行的穆罕默德·尤努斯所提倡的社交型经济，从价值的观点来考虑也很容易理解。一直以来，说到消除贫困，一般人都会想到开展社会贡献型的非盈利活动，但尤努斯使用微观金融的手法在消除贫困的过程中实现了收益，创造了持续性的经济。通过格莱珉银行，尤努斯不依靠捐款和政府，创造了能够让数百万人脱离贫困的价值。对他们来说，本来应该由政府解决的贫困问题，却在经济的领域找到了解决方法（在那之后，尤努斯获得了诺贝尔和平奖）。

Google 和 Facebook 为了给没有网络的贫困国家的人们提供免费 Wi-Fi，进行了各种投资。虽然对于 Google 来说，这是为了扩大业务的做法，但从结果来看，对于 IT 基础设施不完全的地区的数十亿人来说会催生无法估量的价值。本来提高公共性高的价值是政府的职责，但这些领域正在被企业所侵蚀。

价值等同于利益

从前，卖家和买家之间信息非对称性很严重，即使不提供价值，利用信息的不对等也能够积蓄资本。

但是如今企业要靠欺骗消费者、贩卖劣质商品获取利益是越来越难了。提供劣质商品的话，一瞬间坏口碑就会通过网络扩散，失去竞争力。通过网络的集合智慧一下子变得很聪明的消费者们，在今后的时代中，只会选择真正有价值的商品和服务。在价值主义的社会中，经济上的成功和提供的价值有着紧密的联系。

同样，许多想要赚快钱而开始的价值低下的生意，在信息透明的世界里会引发许多竞争，最终盈利会变得越来越难。

例如，由于网络广告上的兼职很简单，许多人都当作副业来做，但是很快就会有许多不当竞争，所以基本上只能赚点零花钱。

整体来说，**虽然开展有社会价值的商务活动很容易获利，但只追求短期利益的事业会很快陷入过度竞争中，要想长期获利就变得越来越难。**

在当今时代，社会整体利益（公益）和企业利益不一致的话，企业就难以成长。想要给更多的人提供价值的话，商业就必然会朝着和政治一样的公益方向发展。

另一方面，像格莱珉银行一样，在民间不依靠捐款和税金来解决消除贫困等政治目的的话，就和企业一样要寻求持续发展的可能性。NPO（非营利组织）的活动资金依靠捐款，所以很难扩大规模，但是企业将盈利用来再次投资，就能够扩大活动规模。这样一来就可以更迅速地解决更广范围内的社会问题。

经济活动开始追求公益性，政治活动开始追求商业上的持续的可能性。这样经济和政治的界限就会变得更加模糊了，两者之间的界限已经开始消融。

价值主义的特征

社会的重心正在从专注积蓄资本的资本主义，渐渐转变为价值主义，在这个过程中，会发生以下两个变化。

① 回归目的

民主政治的目的可以总结为汲取民意、调整利害关系、解决人们的不满。议会和选举不过是实现这些目的的手段。

但是，随着时间的推移，原本不过是手段的议会和选举渐渐被人过度重视，形成了派阀，而本来的目的变得形式化。这和资本的变化过程非常相似，资本原本只是为了催生价值的手段，结果资本的自我增值却变成了主要目的。

一种系统在渗透进社会一段时间后，原本"为了满足某种

必要性而诞生"的目的就会渐渐淡化，维持系统本身的运转则成为了新的目的，这也是反复出现的规律。因此我们必须定期回到原点。

另一方面，社会整体也在从将方法视为目的的状态渐渐回归到目的本身。之前说到，以后的社会中，想要解决问题的话，不用通过选举也有许多其他解决问题的方式。众筹、社会化商业，都可以作为解决问题的手段。像这样，在价值主义的世界里，提供的价值的重要性不断提高，因此能够将焦点聚集回到本来的目的上。

相对于目的形同虚设的系统（政治）来说，能够更有效率地达成目的的手段（社会化经济）距离价值主义要更近一些。

② 选择自由的扩展

最近开始普及的"评价经济"和"共有经济"，这两者的运营方式和资本主义经济不同。当它们全面普及后，企业大概就能够选择以怎样的形式来保存自身价值，以怎样的规则运营公司了。

一部分人会继续以现在的资本主义规则来进行价值的交换，也有人会选择在其他经济规则下生存。例如，有人能够将他人给自己的评价换算成合适的资本来谋生，也有人享受共享型经济，不用消耗什么资本就能生存下去。

　　重要的不是去评判哪种形式更优秀，而是看哪种形式更适合自己。不论成为工程师还是成为作家，都是平等的职业，没有孰优孰劣之分。

　　人类随着时代的进步，也能够做出各种多样化的选择。在较为原始的时代和封建社会，人们不仅无法选择职业，部分地区的人甚至连结婚对象也无法选择。

　　许多人无法选择居住地，出生和死亡都在同一个地方。比起从前，现在能够自由选择职业、结婚对象和居住地的人增加了许多。

　　但是，在经济系统方面或许日本现在还是只有资本主义一种选择。随着时间的流逝，也许会出现新的选择。在价值主义的世界里，个人经济系统的选择范围要比现在广泛得多吧。

主义思想的"保质期"

　　当今社会中 10% 的享受资本恩惠的人大概不会希望能够自由选择经济系统的时代到来吧。另一方面，剩下 90% 的人却等待了很久。这就如同在 300 年前身份决定一切的日本封建社会里，一部分的贵族和武士不愿意接受改变，而占据人口大多数的奴隶和农民们却翘首期盼着新的社会系统。

　　资本主义和民主主义所打造的当今社会，比起国王和贵族等特权阶级决定一切的封建社会来说，已经是非常优秀的世界了。但是，长期运营下去的话，会出现各种各样的问题。最近日本无法正常运行的地方自治，随着时间发展变得虚有其表，也是系统和实际的社会不再合拍的典型例子。

　　人类所创造的主义思想全部都有保质期。随着新科技的登场，盛极一时的主义思想必然会变得陈旧，这也是它们自身的固有规律。这种保质期随着科技进化的加速正在变得越来越短。

大致来说，农耕畜牧原始社会持续了几万年，封建社会持续了几千年，现在我们所在的近现代社会持续了 300 年以上。但是随着 IT 这一新兴科技的诞生，距离我们向价值主义这一新规律移行的时间会比以前更短，大概也就是 30 年到 50 年。

资本和信息价值逆转的世界

农耕畜牧原始社会、封建社会、近现代社会，人类社会随着这条线一直发展。考虑到这样的发展趋势，在价值主义之后还会有怎样的社会呢？

在价值主义的初期，会像前文所提到的那样出现多种社会系统可供选择。再发展下去，世界上的价值就会汇总到信息中。

几十年后，信息所拥有的价值将完全超越资本所拥有的价值，信息本身将成为经济的基础。现在即使有了信息，没有资本的话也做不了什么大事，但将来，拥有资本却没有信息的话就什么也做不了。

即使说是"信息"，但是本书的"信息"和现在社会中的信息会有些许不同，我举例来说明吧。

汽车的座椅上装有传感器，可以收集坐在上面的人的"坐法"数据。这种数据初看起来完全没有任何价值。但是，每个人坐的方式都有微妙的不同。分析数据的话，识别车主的坐法就变得十分简单了。利用这些信息，就能让这辆车具备防盗功能，这样的新价值能让它从其他汽车中脱颖而出。和座椅之外的各种传感器中得到的信息联动的话，就能自动播放适合驾驶者心情的音乐，提供各种各样的服务。这样的附加价值，光有资本没有信息的话是无法催生的。

在社会的各个角落设置传感器，将过去无法收集数据的各种信息都用数据的形式体现的话，有能力收集更多信息并分析的人，就会拥有绝大的影响力。

Facebook 曾经利用时间线上的信息进行感情传播的实验。这件事被曝光后，Facebook 受到了许多责难，但这件事是实验论文发表后，才被人偶然发觉的。也就是说，如果我们在浏览器和应用软件里看到的信息被人加工过的话，一般是不会察觉到的。而拥有数据，能够从数据中发现出各种规律的企业，只要控制了数据，或许也就拥有了控制人类的力量。

科技的力量如果超越了现在人类的能力，那么人类就不用再做任何判断了。这时候，个体的人类很难去质疑拥有人类数万倍处理能力的计算机所给出的答案。

例如，投资银行中有许多被称作操盘手的人进行着股票的交易。但是，当科技进化到系统能自动进行股票交易，如果针对系统比人类更聪明这一事实达成共识的话，人类就很难去怀疑系统所做的交易（以人脑去验证这些疑虑也是很难的）。

在这种状况下，能够改写系统给出的答案的人，实际上就能够控制价值本身。假定系统会根据人们聊得最多的话题来决定交易的内容，那么 SNS 企业只要增加特定信息的曝光度，就能控制企业的股价了。

不论在重视资本的社会还是重视信息的社会中，越是掌握了系统根基的人的权力就越大。 要怎样控制这种权力，就成为今后社会整体的课题了。

变化速度①个人②法人③行政·司法

社会整体从轴心型构造变化为网络型构造时，效率会因对象领域而不同，变化速度也同样如此。

在面向一般消费者的服务领域，做出决定的是消费者个人，所以会产生急速变化。例如，免费电话软件 LINE 只花了 3 年时间就拥有 5 亿用户。在 LINE 出现前，DoCoMo 和 KDDI 等运营商提供的电话和邮件是日本主要的通信手段，但现在都被 LINE 代替了。

用户的动力原理十分简单，即接触后觉得方便就会使用。

法人之间进行交易的话会更花时间。在法人中，做决定的人不止一个，所以做出决定之前会有讨论和会议的流程。另外，要动用的金额也比个人要多，所以变化会更加慎重，速度也会慢下来。法人所经历的变化的时间至少会比个人的变化慢 5 倍。

　　到了行政和司法领域，变化速度会更加缓慢。由于一个决定会影响到一个地区生活的所有人，所以必须慎重。利害关系比企业还要庞大，各部分也会花费许多时间进行调整。

　　一般消费者的感觉和行政做出的决定出现差异的构造上的原因就在这里。

　　由于在不同领域，变化的速度也不一样，所以要读懂自己所在领域的变化速度。将变化速度按照快慢的顺序排列应该是：消费者、法人、行政·司法。

第三章

科技是人类的敌人吗？

科技提高了社会的效率，却也会引发伦理问题。最近，曾在科幻小说里不断出现的人工智能和机器人等技术也变为现实，走入了大众的视野，引发了许多议论。这一章将从伦理的方面讲述科技的发展。

连创业家都开始放弃的科技进步

　　我以 IT 为主轴展开事业后，最近感觉到从 2013 年左右开始，科技的发展让许多创业家和投资家都开始放弃了这一领域。在 IT 领域活动的创业家和投资家应该是对网络最了解的人，可是如今连他们也跟不上技术进步的速度了。

　　另一方面，引领技术进步的是 Google、Apple、Amazon、Facebook 等被称为 IT 界巨人的企业。它们所投资的领域，已经和其他创业家、投资家的投资领域不在一条水平线上了。

　　Google 早在其他的投资家涉足机器人和人工智能领域前，就对这些领域进行了积极的投资，Facebook 也在很早之前花费 2 000 亿日元收购了 VR 公司——Oculus。很明显，Google 等公司看清了未来的趋势，早在形成话题的两三年前就做好了投资相关领域的准备。最近其他企业也在追随这样的趋势，时间上却落后了数年。这样的落后间隔，以后还会逐渐扩大。

为什么只有 IT 业界的巨人才能看清未来形势，而其他企业和投资家都会落后呢？原因是巨人们将最前沿的研究者纳入自己公司内部，并在封闭的环境下进行研发。

最前沿的学术研究已经和商业密不可分，如果企业不在研究阶段涉足最新科技的话，就无法在竞争中胜出。

走在最前沿的企业会挖掘大学的教授和研究者，让他们在企业的研究室中进行喜欢的研究。对于研究者来说，比起在大学里用有限的预算进行实验，在资金和样本数据量上远超大学的民间企业里工作，能得出更精确的研究成果。

由于是以开展事业为前提选择研究主题，所以研究信息也不会泄露，等外界的人知道这些研究时，已经是几年之后了。

创业家和投资家追不上技术进步还有另一个原因，那就是网络如同空气般渗透进数据科技、汽车、金融等各个产业，各种必要的知识的传播范围也不断扩散。

科技变化的速度已经渐渐超过了一般人的认知范围。

革新成为人们不安的对象

2010 年至 2014 年是被赞美的革新的时代。旧有产业中的新企业掀起革新，使行业结构发生变化，市场的新陈代谢加快，经济整体变得活性化。

革新者是勇敢的挑战者，他们认为夺走他们的市场份额的现有大企业，都是陈腐、需要打倒的对象。

但是，从 2014 年开始，革新开始成为令社会不安的存在。例如，提供拼车服务的软件——UBer 就给出租车行业掀起了革新的浪潮。而现有的出租车企业都纷纷开始屏蔽 UBer，因为 UBer 可能会抢走出租车司机的工作。

新系统遭到现有产业抵制的规律并不是现在才开始的。在工业革命时，也出现过被抢走饭碗的劳动者们破坏生产机器的

"勒德主义"暴动。

有一段时间，Amazon 创立者杰夫·贝佐斯由于让员工在仓库里每天行走 24 公里而遭到欧洲媒体指责。在欧洲，他被批判为把人当机器的经营者，但如果通过机器人真正实现自动管理的话，仓库的从业人员都将会失去工作。当 IT 企业真正开始开发机器人时，这种无人管理的趋势就会慢慢变成现实。

科技给社会带来的高效率，至今为止都被认为是一件好事。

但是，今后科技会渐渐夺走劳动等人类一直以来的存在理由，而担忧革新会否定自身存在价值的人也会越来越多。

科技的变革对象已经不断从产业向社会和人类转移。我们现在感到的不安和产业革新给现有大企业带来的不安是相同的性质。

互联网科技所带来的影响，已经渐渐从社会的表层渗透进核心，连发明互联网科技的人类也受到了它的影响。现在正在进行的并非是对于手机和计算机的重新定义，而是人类的重新定义。

"机器人夺走工作机会"言论所欠缺的视点

"人类会被机器人夺走工作。"

"人类会被人工智能所替代。"

这样的言论，渐渐开始和"不要让技术进步比较好"的结论联系在一起。

但是，进化具有不可逆的性质，是无法停止的。

人类是见到了方便的事物就无法放手的生物。在使用 LINE 等软件就能即时传递消息的当今，特意选择写信并投进邮箱的人应该很少了。因此，我们必须接受技术发展的不可逆趋势，讨论时也应该尽量向前看。

被机器人夺走工作，这样的说法本来就不恰当。这里需要先回到原点，看一下劳动是为满足怎样的必要性而诞生的。

　　既然使用了"夺走"这个词，就说明劳动对人类来说是必需品。没有工作的话就赚不到钱，赚不到钱的话就无法维持生活。以上是这种言论的前提。

　　但是，作为劳动者进行工作，赚取工资维持生活，对人类来说真的是普遍的事情吗？

　　图4是人类的平均劳动时间图表。实际上，在工业革命之后，人类的劳动时间就大幅减少了。在30年前的日本，星期六还被算作工作日。

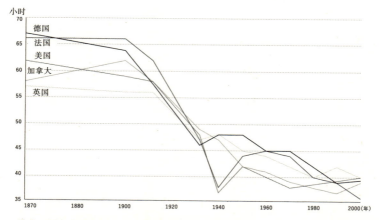

说明：随着技术和经济的进步，可以说我们被从劳动中解放出来了。而且，在整体劳动时间减少的同时，生活也确实变得更富裕了

图4　一周的劳动时间

　　再扩大一下范围，看看几千年前的时代吧，现在人们把几乎所有的时间都花费在劳动上，在原始社会看来简直就是异常。

在没有火和电气的时代，在白昼很短的冬天劳动一整天，从物理层面上来说是不可能的。通过劳动赚取工资维持生活的形式，是在工业革命后、资本主义普及的 300 年间才有的。

在根据身份和阶级划分社会阶层的时代，贵族和武士等人和劳动是无缘的。

随后，封建社会崩塌，人们从出身和阶级中解放出来。再过一段时间，进入上流阶层的条件就从出身变成了经济上的成功，由于资本主义社会的竞争原理，人类就开始长时间的劳动了。

对人类来说，长时间劳动是在最近才变为常态的。而且，劳动的减少并不直接和贫困挂钩。和星期六还要上班的日子相比，显然是现在的生活更丰富。

这么一来，一定会有人反驳说，不劳动要怎样生活呢？

随着机器人带来的自动化，今后需要人类做的简单劳动确实会减少。这时候，从事体力劳动的人和从事脑力劳动的人所获得的酬劳差距必然会扩大。要尽可能不拘泥于劳动，降低对劳动所得的依赖度，这就是我对于前面的反驳的回答。

多数人既是劳动者也是消费者。随着工作流程的机械化，简单劳动的附加价值也会降低，工资也会减少，能够用来消费的钱自然也会变少。另一方面，业务变得更加有效率，意味着企业能提供更便宜的商品，商品的价格自身便会下降。

作为劳动者所获得的工资和作为消费者支付的金额一同减少的话，实际上就正负相抵了。

至今为止，性能相同的商品价格在持续下降。现在只要几万日元就能买到智能手机，但是过去有同样性能的机器价值几千万日元。由于大多数人都拥有了智能手机，照相机产业和游戏机厂商等现有的产业都受到了较大的冲击，但是对消费者来说，电话、手账、相机、游戏等功能可以在一台智能手机上实现，实际上节约了不少钱。

在科技带来的效率化可能会导致劳动者收入减少的同时，消费者所需的生活成本也降低了。主张人类会被机器人夺走工作的人，大概遗漏了这一点吧。

各种事物接近免费

理论上来说，不仅是在互联网上，各种服务的价格竞争的结果就是，所有事物都会走向接近免费的命运。免费本身就是市场营销手段的一种，与其他经济活动相结合，最终达成盈利目的，其方法有很多。

例如，像 Google 那样提供各种免费服务来聚集用户，再用 AdWords 的广告来实现收益。安卓系统的 OS 也是，可以从广告中回收资金，所以是免费提供的。

另外，IT 以外需要花费复制成本的领域里，只要能够实现超过成本的收益，理论上也是可以免费的。Google 等一部分企业的员工食堂是免费的。那是因为通过丰厚福利留住优秀人才，比起投入在招聘广告和活动上的花费，性价比会更高。

　　最终，在衣食住等生活必要的领域，只要企业判断能够获得超过成本的收益，最终都有可能变成免费。

　　例如，一个名为 Spiber 的日本企业开发了人工生产高强度蜘蛛丝纤维的技术。使用这种技术可以用较低的成本生产出高耐久性的衣服，那么就不需要丢掉旧衣服了，将来衣服可能也会变成免费。

　　像这样，各种事物的成本在不断降低，今后劳动的需求也会减少。照这样的趋势，30 年后或许可以实现一周休息 4 天，也就是每周只要工作 3 天的工作模式。

　　那些以无条件接受当前劳动环境为前提的议论，是没有任何意义的。那些只是在下一个"理所当然"到来之前的过渡期的话题。

因企业而异的基本收入

　　机器人和 AI 令社会的各方各面都变得更加有效率后，总有一天企业也能提供基本收入。所谓基本收入，是指政府保证让国民过上最低限度生活的社会保障系统。

　　如果完全遵从市场远离，减少政府的介入的话，贫富差距就会慢慢扩大。为了防止这样的风险，保证全员最低限度的生活，在何种程度上提高生活水准的方面的事交给自由竞争，这就是基本收入的概念。但是，接下来在货币的重要性不断下降的过程中，保障最低生活水准的手段就不仅限于用货币保证收入。在这里，基本收入是指保证衣食住等最低限度生活的系统，所以需要从更广泛的定义来考虑。

　　基本收入难以实现的理由很简单，如果想要通过政府的税金来保障收入的话，那么整体国民的税金负担就会增加。如此一来，保障国民最低限度生活的职责是否应由企业来负担呢？

由机器人所实现的自动化让商品和服务的价格下降，生活成本减少，资本的必要性也降低了。同时，企业可以通过员工福利和服务的形式将效率化和自动化所带来的利益返还给员工。

也许会有人认为，企业没有义务将利益分配给员工。但是，对于企业来说，能否留住无法被机器所替代的、能够构筑系统的优秀人才，对于企业的发展是非常重要的。为了吸引这些人才，企业做出怎样的努力都不为过。

Google 和 Facebook 的办公室被称为校园，环境像大学宿舍一样，即使不回家也没关系。伙食就不必多说了，办公室内连按摩室、健身房等设施也都十分齐全。

像这样，在经济系统中完成财富再分配的循环的话，就不需要政府征收税金来提供社会保障了。民间企业单独提供一部分社会不可或缺的基础设施的可能性也非常大。

另外，虽然是比较遥远的构想，但最终企业提供生活基础设施的对象，不仅是员工，还会扩大到顾客。

例如，互联网企业对使用本公司服务的顾客提供免费网络是很有可能的。实际上 Facebook 在非洲的赞比亚共和国做出了尝试，针对在智能手机上使用本公司服务的用户，Facebook 会承担相应的通信费用。对于 Facebook 来说，使用自家服务的用户增多，从长期来看收益会超过负担通信费用的支出。

现在经济是以电子商务为中心，从理论上来看这样的结构是能够适用在任何领域的。例如，以免费提供伙食和住宿，在其他地方赚取利益，只要找到合适的商业模型，这些都是可能实现的。以只能使用 Google 的服务和向 Google 提供各种信息为条件，从 Google 那里获得免费的伙食和住宿，这样的情况在未来是完全有可能发生的。这样一来就等于是企业在提供基本收入了。

想要不通过政府来实现基本收入的话，需要满足以下 5 个条件：

① 资本主义所具有的欲望能量

② 行政所具有的公益性

③ 抑制市场竞争带来的形式化

④ 营业利益带来的可持续性

⑤ IT 所具有的成本优势和可扩展性

首先是关于①资本主义所具有的欲望能量。人类曾经为了纠正资本主义的缺点而在一部分国家导入了共产主义这一新体系，结果并没有完全成功。原因是并没有从共产主义中诞生想要改善现状的动力。企业要提供基础设施，需要企业本身拥有扩大规模的欲望。低成本、高质量的服务是扩大规模的手段，如果没有资本主义这样肯定欲望的体系，企业就不会有提供基础设施的动力。

另一方面，②行政所具有的公益性，是因为需要一个制动系统来防止作为资本主义能量之源的欲望的跑偏。如果资本主义只是单纯遵从欲望来行动的话就会产生危害，或是像雷曼事件那样引发系统内部的崩塌，最终就会损害到社会整体的利益。最后，没有向社会全体做贡献的想法的话，企业就无法持续在社会中立足。Google 在进行商业活动时并非把向社会做贡献放在最优先的位置，但是他们所提供的服务在结果上都是为用户，甚至是为社会着想的。

接下来是③抑制市场竞争带来的形式化，这是为了让欲望这一能量能够正确地和贡献社会联系起来。观察国家公共行政的服务我们就能明白，由于没有竞争，没有被他人抢走工作的危机感，服务的质量就会变低，也没有改善的动机。处于没有竞争、独占鳌头的环境中，是无法向社会提供优质的基础设施服务的。

然后是④营业利益所带来的可持续性，用那些以捐款为收入来源来运营的慈善团体为例，大家就应该很容易理解了吧。这些慈善团体如果无法从市场获取盈利的话，一旦捐款被切断，就只能终止目前的活动。虽然有想要向社会提供优质服务的理想固然很好，但如果不能确保营业利益，不能通过再投资的形式持续活动的话，最后也只能解散。

最后是⑤IT 所具有的成本优势和可扩展性，如果想要让自己提供的服务具备公益性，就必须根据企业规模的大小处理庞大的信息量。能实现这一点的，只有同时具备低成本和高速度这两个特性的网络了。如果想要不借助网络做到这件事的话，就需要像仓库那样广阔的空间和公共行政设施同等人数的人员了。

当所有商品的价格都趋近于免费，企业为了扩大规模而开始提供基础设施的时代到来，工业革命以后确立的"劳动、赚钱、生活"的规律就会崩塌了。只要能通过基本收入保障最低限度的生活，那么人类就没有必要为了生活而劳动了。

随着时代发展，理所当然的事情也会发生变化。

几代之后出生的人，也许会提出"为什么以前的人会花费人生的大部分时间去做根本不喜欢的劳动呢"这样的疑问吧。

作为削减生活费用工具的分享型经济

　　即使人类的工作被机器人所代替，但如果赚取资本的必要性也同时减少了的话，就正负相抵了。如果将至今为止用来劳动的时间用来做其他的事情，那么更是赚了。我认为这件事的关键就在于"超连接生活（Hyperconnectivity）"。

　　超连接生活指的是人和人、人和物、物和物之间通过网络保持完全连接的状态。在物联网概念普及、网络如同空气般渗透社会各个角落的当今，社会已经渐渐接近超连接生活的状态。

　　前文曾提到，现代社会是建立在信息非对称的基础上的。在信息的不对等、各人无法实时共享信息的前提下，轴心的中心才会出现代理人，带动整体的运作。

　　但是，当所有事物都能连接到网络时，在网络上，人、信息、物体这三者就能保持直接并随时连接的状态。这时候，轴心就失去了存在的必要性，所有的沟通都可以在分散型的网络上完成。

分享型经济是个人将多余的资源通过网络共享给整体的体系。需要某种资源的人可以不通过轴心直接连接到提供资源的人，社会整体的效率就会大幅度上升，成本也会下降。分享型经济中蕴含着缓和人类劳动时间、减少和贫富差距等问题的可能。

Airbnb、Zipcar 等就是活用分享型经济的成功案例。

Airbnb 将想要有效利用空闲居住空间的人和想要低价住宿的游客连接起来，也就是个人与个人之间的空间共享服务。这个在 2008 年创立的企业，到现在已经拥有接近 1 兆日元的企业价值，成为了超过 1 000 万用户使用的巨大服务商。

在汽车分享业界很有名的 Zipcar，是没有车的会员在想要用车时向其他会员租借汽车的服务。汽车不仅购买费用贵，汽油和维持费用等成本也十分高昂。Zipcar 将这些成本分摊给多数的人，让大家都能以低成本使用汽车。这样汽车也从一家一辆的所有物，变成了想用时才用的"服务"。Zipcar 也在 2011 年于纳斯达克上市了。

说到新兴企业，我在写这本书时 Nextdoor 受到了不少注目。Nextdoor 在网络时代再现邻里关系的社交网络服务。通过它可

以和附近的人共享二手家具、活动信息等各种信息。Nextdoor
在 2015 年 3 月筹集了大量资金，当时企业的市价估值已经超过
了 10 亿美元。这家公司在 2010 年创业，现在已经普及到了美
国 4 万以上的区域。

通过网络的普及，以前就存在于邻里间的资源再利用和资
源共享的规模和效率都得到了大幅提升。

像前文中提到的那样，**即使将来科技会使单纯劳动的价值
降低，导致大量人失业，这个问题也可以在经济领域得到解决。**
如果想要依靠政府来保障这样的失业问题，即从政治的领域解
决这个问题的话，就需要经过复杂的决策手续，其速度也一定
是非常缓慢的。

在经济领域产生的问题，就快速地用经济领域的方式解决，
这样也有利于缩短消除贫富差距的时间，减少人们的经济损失。

人工智能将重新定义人类

　　最近被热议的话题，除了机器人之外还有"技术奇点"。技术奇点指的是人工智能超越人类智慧的时间点，美国学者瑞·库茨维尔认为这一天会在 2045 年来临。随着《超验骇客》等描写人工智能和近未来为主题的电影上映，这种认知迅速扩散开来。

　　不同人对此持有不同观点，甚至有人认为人工智能会毁灭人类，人类的末日也即将到来。PayPal、SpaceX、特斯拉汽车的创始人埃隆·马斯克也持有这种观点，曾有过"人工智能就如同召唤恶魔的咒语"的发言，招致了物议（顺便一提，埃隆·马斯克投资了人工智能的风险企业——Vicarious）。

　　人工智能真的会取代人类吗？

库茨维尔提到关于技术奇点到来的根据便是科技今后的进步会呈指数函数式成长，这一点本身是没有错的。一项技术的发达具有不断诱发新技术的性质。计算机的发明诱发了互联网的诞生，互联网的诞生又诱发了智能手机和智能手表的诞生。技术发展的连锁反应会让发展速度持续上升，而这之间的间隔也会渐渐缩短。

到了几十年后，计算机一定会拥有令人惊讶的智慧。

在关于人类是否会被人工智能所取代的问题中，也有一个经常容易被大家忽略的问题，那就是人类究竟是什么？

我们比自己想的更不了解人类。我们甚至连大脑这一让人类能够成为人类的器官的结构也无法再现。我们只是将这种存在大量未解之谜的生命体粗略地称作人类而已。

考虑科技的性质时，只考虑人工智能和人类的对立面是非常短浅的想法。

原因就在于，随着今后的科技发展，人类的机器化和机器的人类化这两方面将会同时进行，人类的存在也会随着科技产生变化。

例如，假定科技进化到可以用计算机完全再现人类智慧的程度，那么这样的计算机能够被称为人类吗？将机器人类化时，其界限究竟在哪里呢？

相反，包含人类的义肢、内脏等在内的人类机器化也在进行中。这里的人类机器化并不是在讨论人工控制机械人。帮助使用轮椅的人和瘫痪卧床的老人的步行辅助系统、让失明者能够看到影像的系统也是机械化的一种。

今后人类的机器化和机器的人类化继续发展的话，总会迎来两方交汇的一天。到时候，哪些可以称作人类，哪些可以称作机器，要划分这个界限是很难的。

我在第一章里曾提到过，科技是人类功能的扩张，随着时代发展，发挥作用的范围也从身体扩展到远处。

然后，扩张人类功能的科技最后所到达的终点便是"可以出现在任何地点、能够自己思考和行动的自己的分身"。

现在的计算机和智能手机能够根据人类的指示做出反应，但是无法自主满足人类的需求。但是，随着技术进步，总有一天会出现比谁都了解自己、能够代替自己思考、无需指示就满足自己需求的分身。

生物都具有懒惰的属性，总是会选择更轻松、更方便的道路。逐渐实现这一点的正是科技发展的历史。科技发展所面向的终点，便是代替人类完成一切事情的分身。

在这里，人类和机器的界限也失去了意义。如果连智慧都可以再现的话，人类也就失去了身为人类的独特性。

科技并非单独存在的事物，而是最终会和人类本身相融合。所以单纯地认为人工智能和人类处于对立面的思考方式是欠妥的。

计算机的发展正在不断重新定义人类。如果人工智能能够获得超越现在水平的智慧，那么或许可以称之为人类的另一种存在形态。

如果今后人类能完全弄清楚智慧的结构，不仅可以让计算机拥有智慧，还能够让人类的智慧得到大幅度的提升。

人类的大脑的功能是有极限的。人脑无法和机器一样记住几亿人的脸部照片，也无法一瞬间计算 10 位数以上的乘法。但是，如果能完全弄清楚大脑和智慧是如何运作的话，就可以利用药物和手术让人脑处理信息的能力达到接近机器的程度，伦理方面的问题暂且不论，理论上的可能性是存在的。只要强化大脑某个特定的部位，或许将来就会出现能够一瞬间完成复杂的计算，或是同时理解 10 个人的话的人。

站在我们现在的立场上来看的话，可能会认为人工智能和机器人会威胁到人类。但是，从进化的历史来看，**科技的进步让人类自身也朝着进化的方向前进了。**

IT 对人类来说就是"大拇指"

　　猿猴进化成人类的关键就是大拇指。由于有了大拇指，人类就能够使用复杂的工具，并通过狩猎提高生存概率，成功扩大了种群。

　　另一方面，像猫和兔子这种用四肢行走的动物就无法用前肢握住东西。试一试就知道，如果不使用大拇指的话，想要握住东西就会变得非常困难。人类在抓握时，需要手指从两个方向来夹住物体。一些居住在树上的猿猴由于大拇指较发达，能够爬到树的高处，就可以避免遭受外敌攻击，还能吃果实生存下去。大拇指进一步进化的猿猴随后就进化成了人类。

　　回顾从前，几百年前的蒸汽革命和电力革命是物理意义上的身体功能的扩张，也就是以动力扩张为主。但是 IT 所扩张的是人类从根本性区别于其他生物的部位——大脑。IT 是将智慧无限扩张且互相连接的技术，所以蕴含着重新定义人类的可能性。我有时会想科技所要到达的终点，或许就是重新定义人类。

猿猴因为有了大拇指进化成了人类，人类现在拥有 IT 这一"大拇指"，或许又会向下一个阶段进化。

这种变化已经开始发生在我们身上了。由于有了搜索引擎和社交媒体，对于人类来说记忆力或许已经不像从前那么重要，但是收集碎片信息并对其进行总结的能力较之前有了很大的进步。

研究科技和商业的尼古拉斯·G·卡尔也在《浅薄：互联网如何毒化了我们的大脑》这本书中谈到，人类的大脑功能由于网络的发达而发生了变化。

> 和麦克卢汉所预言的一样，我们到达了智慧和文化历史中一个重要的转折点，在两种完全不同的思考规律之间瞬间转型。为了换取网络带来的财富——大概只有最陈腐的人不想换取这些财富——我们舍弃了卡普所说的"过去的直线型思考过程"。冷静、集中、一心不乱的直线型精神，已经被排挤到了一边。取而代之出现在中心位置的新精神，是将碎片化的短信息以无序状态收集的形式，爆发式地收发并分配信息，速度是越快越好。

在今后的 100 年里，也会有人一直把机器放在人类的对立面进行议论。

但是，稍微放宽视野，以几百年的跨度来思考的话，那时候人类和机器的区别大概也会变得模糊。

脑部受到重伤的人借助科技的力量恢复了思考能力时，这时候该将其称之为人类还是机器呢?

装有假肢，甚至内脏是由机械组成的人，被称作人类的界限应该划分在哪里呢? 只要大脑是 100% 真实的就可以称之为人类吗?

关于人类的定义，我们需要在这 100 年间找到答案。

但是，可以肯定的是，通过和科技融合，我们能获得过去无法想象的力量。借助科技，人们能够免费获得超乎常人的智慧、记忆力和计算能力，能够实时看到世界中各种景色。300 年之后，谁都会面临的死亡这一概念也会被改写。那时候，对于人类来说，时间不再是有限的资源。

然而，一旦这样的假想在技术上成为可能，那么这种生物和我们所熟悉的 "人类" 将不再是同一种生物。

那时候我们也不得不回答 "人类究竟为何物" 这一复杂问题。

个性化的谬误

今后，随着科技的发展，为每个用户提供符合其特征（个性化）的服务将成为可能。

个性化虽然有方便的一面，但过度发展的话也有可能让人难以邂逅新事物。如果只靠过去的行为来推测个人喜好的话，就会降低偶然发现新事物的可能性，让可选择的范围变得越来越狭窄。这种发展随着科技的发展和提高个性化的准确度变得越来越有可能。

为了让智能手机广告效果最大化，我曾在自己公司里做过一个实验，得出了很有意思的结果。

在互联网广告里，根据验证点击率和转化率来选择最佳的投放点，也就是个性化投放是非常重要的。一般来说同类广告只投放给有兴趣的人看，极力避免无谓的浪费。

我在实验中测试了机器和人类谁的个性化能力更优秀。一边是让市场部的员工手动选择广告投放点。另一边是不让人类介入，完全让系统自动选择投放广告。

市场部的员工的武器是他的工作经验。如果是化妆品的话主要设置在一楼，使用这项服务的是这样的人群……他们根据以往的经验就能大致预测出来应该给怎样的目标群体看怎样的广告。而系统没有这方面的经验，所以一开始会向各种目标随机投放广告，一边观察投放效果，一边慢慢寻找效果更好的投放点。

一开始的几周里，投放效果更好的是以经验为武器的市场部的员工。但是，过了2个月以上，系统自动投放的高性价比就显现出来了。

系统在初期没有任何知识的情况下，向用户投放了许多不合适的广告，在几百万人身上反复进行尝试和失败，从零开始学习规律，最终能够比人类更高效地完成工作。

和投放规模越大、准确度就越低的人类相比，系统所操控的数据量越大，个性化的准确度就越高。

我在实验结束后，回顾了一下系统挑选目标客户的方式。结果惊奇地发现，我完全无法理解为什么这样的投放目标是有效的。为什么给这种属性的人看这种广告是有效的，我完全无法理解这其中的构造。**系统在学习了庞大的数据之后，能够发现到我们无法理解因果关系的规律。**

然后这件事还有后续。看上去获胜的系统的优势并没有持续很久。

系统通过用户过去的记录，只筛选出了转化率最高的目标客户层并对其投放广告。但是一直重复这样的过程，能够投放的目标数量只会越来越少。

系统虽然擅长分析行为的结果，但不擅长唤起没有体现在行动中的潜在客户层的需要，也就是说不会向转化率低的顾客投放广告。但是，乍看上去不会有效果的目标客户，也有可能签订合同，只有在这些顾客身上进行尝试，才有可能获取新客户。

但是，系统会极力排除这样的不确定性，朝着短期内最合理和最合适的方向推进。

短期的合理化会减少目标客户看到新类型广告的可能性，从而导致长期失去机会。

这并不仅仅是广告投放领域的问题。所有学习个人过去行为并且提供最合适的个性化服务的领域都面临这个问题。

能够学习自己过去的行为并为自己提供最合适的信息的服务，这一点非常方便。但是，个性化技术无法提供"意想不到的发现"。只是依据过去行为经历提供个性化服务的话，就会离真正意义上的"最合适"越来越远。

以前在以色列，Google 的一名经理就这个话题和我讲了一件趣事。Google 里存在着著名的"20% 规则"，即员工可以将工作时间的 20% 花费在自己工作范围以外的喜欢的项目或创意上。这项规则很容易被认为是 Google 向员工们提供的丰厚福利。确实，为了留住富有创造性的员工，这项战略确实很有吸引力。

但是，当我向这位经理确认这项规则时，却得到了意外的回答：这项规则实际上是为了"风险对冲"而制定的。

即使是优秀的 Google 经营者，也有犯错的可能。企业规模越大，创业者要把握整体市场状况就越难。互联网市场变化速度非常快，所以只要经营者做出一个错误的决定，就会有落后于时代的风险。

"所以，用几万名员工的 20% 工作时间来进行风险对冲"，这位经理如是说。如果创业者做出了错误的决定，那么只要在几万名员工花费 20% 工作时间做出的项目中有正确的选择，企业就能继续生存下去。企业 80% 的资源花费在经营者所决定的工作中，剩下的 20% 的资源交给员工选择。这样一来，企业整体就不会走向偏离的方向，就得以保持平衡。

这项规则是建立在即使是 Google 的经营者也有可能犯错的前提上的。

如果无论积累多少经验，也无法避免这个世界上的"不确

定性"的话，不如在理解这种风险的基础上创造组织，这样理性的选择结果就是制定"20% 规则"。这件事带给我很大的震撼。

纳西姆·尼古拉斯·塔勒布在分析不确定性和风险本质的《黑天鹅》一书中提到，投资时需要将 85% ~ 90% 的资金投资到确定性较高的领域，剩下 10% ~ 15% 的资金投向不确定性较高的领域，以保持平衡。这种观点和 Google 的 20% 规则，都是由于人类无法克服不确定性这一价值观而设计出来的。

在这种思维方式中，风险最高的选择便是投入在看上去最合理的选项上，排除一切风险和不确定性。如果完全排除风险和不确定性的话，便会产生最大的风险。另一方面，真正合理的判断是放弃只依靠自己就能做出合理选择的想法，以接受不确定性为前提来做出决定。

将来或许会诞生全新的个性化系统，将不确定性都纳入计算范围内，并以此来解决问题。但是，现在我们必须事先了解一件事，那就是**系统从过去的信息中得出的"合理"的答案，从长期来看并不一定合理**。

对人类威胁最大的还是人类

在考虑伦理方面的问题时，我的立场是"科技不能以善恶来评判，是中立的存在"。科技对人类造成威胁时，是由于人类有意将科技用于坏的方面。对人类来说，最大的威胁还是人类，这个事实在哪个时代都不会改变。但是，威胁的种类和性质，会随着今后科技的进化产生极大的变化。

① 网络安全

各种事物连接上网络后，最大的威胁便是黑客。我在第二章中曾提到过，在现代社会，信息所具有的价值正在迅速上升。这就意味着，信息泄露的风险也在同时上升。

近年，政府和企业的服务器受到以 Anonymous 为代表的匿名黑客集团的 DDoS 攻击，系统被非法入侵等黑客事件正在增加。

如果被盗的信息被泄露的话，被攻击的政府或企业的信誉就会一落千丈。

这些黑客组织和过去的地下犯罪组织的不同点就在于黑客组织不会盈利，他们是以政治思想为理由在行动。违背他们思想的组织，在网络上会被攻击，造成服务器宕机、系统崩溃，最终被迫停止活动。这样一来，在网络上发言时就必须更加慎重了。由于黑客活动是以政治思想而驱动的，也无法用金钱来解决。

我认为黑客集团使用黑客手段造成的威胁，会成为世界的一种抑制力。对于国家使用警察、军事力量所造成的犯罪有抑制的作用。

在网络没有完全普及的地方，黑客的威胁是比较小的。但是，在网络已经成为生活基础设施的现在，攻击网络上的服务器已经成为了和军事行为同等级别的暴力。以后随着网络的普及，黑客行为的破坏力还会不断上升。

现在的互联网用户约有 27 亿人，接下来全世界大概还有 50 亿人会连接到网络。今后，网络会遍布家里、办公室、汽车，直至社会的每个角落。

在未来社会，如果这些信息被非法盗取的话，威胁将无法计量。

例如，汽车和飞机实现无人驾驶后，一旦其主程序被入侵的话，就能够轻而易举地操控它们进行恐怖活动。恐怖分子再也不需要像过去那样，动用武装集团从物理层面上入侵汽车和飞机。只要有一台计算机就能从世界的任何一个角落发起恐怖袭击。

纵观这几年中发生的维基解密和斯诺登泄露内部信息的事件，信息安全作为国家安全保障的重要事项，其重要程度变得越来越高。各国将会使用计算机而不是武器来反复展开信息战，这也将会变为日常。

科技扩张的范围越是扩大到社会整体，给社会带来的负面影响就越大。

② 跨国IT企业和政府的协作

至今为止，政府都能够对国内的媒体和通信公司进行一定程度上的控制。但是如今各类服务能在全世界的范围中使用，情况便发生了变化。外资企业在本国内提供服务时，政府就无法对其施加法制方面的影响。

特别是像美国和中国的企业，其提供的服务在全世界占有较大的份额，如果提供服务的企业和政府合作的话，对于其他国家来说就是很大的威胁。

今后 SNS 和可穿戴设备更加普及的话，谁在什么时候做了什么，这些信息在一瞬间就会被公布出来。假如美国政府和警察利用职权从运营这些服务的企业处获取信息的话，就能够实时监控个人的行动。

当然，这样的状况对于预防犯罪或许是有利的。但全世界人民的言行每天处于实时监视之下，带来的风险也会更大。

创立了 PayPal 并投资了 Facebook 的彼得·蒂尔所创立的Palantir 科技就是一家根据政府需要提供解决方案的公司。

Palantir 科技的客户还有 CIA、NSA 等美国情报机构和搜查机构。

该公司将网络上的庞大数据变得可见、可分析的解决方案提供给各个机构。也是面向谍报搜查机构开发专门分析软件的企业。

Palantir 科技接受了 CIA 的投资，销售额已经超过了 400 亿日元，市价评估超过了 9 000 亿日元。

在以色列，许多优秀创业家从前都在军方情报部担任过工程师。政府和军队对于数据解析和云服务的需求也在逐渐增加。

或许也可以说，网络监控是为了维持治安稳定的必要手段。但是，这也是一把会限制个人的行动的双刃剑。

③ 战争与机器人

对于人类来说，最大的威胁就是战争。过去几千年间，夺走了大量人生命的就是战争和疫病。

回顾历史，我们就可以发现一件很讽刺的事情：技术的进步都是战争所带来的产物。计算机原本是为了在战争中计算炮弹的弹道而发明的，互联网的原型是美国国防部的 ARPANET 项目。

如果没有和前苏联冷战的话，美国不可能在那个时间点开始开发航天项目，没有世界大战的话，核融合技术也不会那么早就完成。如果冷战不持续下去的话，互联网的问世大概会晚几十年。而现在开发机器人的创业公司，依靠军队的订单来确保营业额的事态也不罕见。开发扫地机器人伦巴的 iRobot 公司，在创业当初如果没有来自军队的订单就根本支撑不下去。

如果说进化是由必要性所催生的话，那么最强的必要性就是生存的欲望。**在关乎生死的战争中，会诞生最强的必要性，技术也会产生飞跃性的进步。**

现在，吸引了不少投资的机器人领域，今后不仅会应用在民间，还会利用军方的必要性完成快速的发展。

今后，机器人会从独立工作的类型进化为连接到云端的能够完成高度协作的智能机器人。之后的战争不再会派遣高成本、容易招致道德批判的本国士兵，派遣能够通过集团作战歼灭敌人的机器人将成为主流。

无人机的性能也在进化，最近能够识别障碍物并自动躲避的无人机，以及能够识别人类并进行自动追踪的无人机也正在开发中。

如果被不法分子使用的话，大规模、无差别的爆炸型恐怖袭击的成本也会大幅降低。

无人机原本一直被用在体育比赛的电视直播中。发生无人机坠落到白宫的事件后引起了一些骚动，但所幸在我写这本书时还没有引发特别严重的事件。但是，包含无人机在内的机器人被应用在犯罪方面，大概也只是时间问题。恐怖分子和犯罪者为了达成目的，时常会寻找更便宜、更有效的解决方案。面对这种状况，强化法律法规也会成为必然的趋势。

机器人在看护老人等方面可以成为让人类生活更方便的"良药"，被用于战争和恐怖活动的话就会成为厉害的"毒药"。科技对人类的正面影响越大，所带来的负面冲击就越大，这是无法避免的事实。

科技能够取代神吗？

有种有趣的观点认为互联网是新的宗教。

美国欧林工程学院的艾伦·B·唐尼教授调查了美国信教者的比例，认为无神论者的增加和互联网使用者的增加之间有着关联性。美国《华尔街日报》根据这份统计数据，发表了《Google正在取代上帝吗？》的报道，吸引了宗教相关人士的注目。

包括我在内，大部分日本人都是无宗教者，但是在全世界范围内无神论者属于少数派。世界约有72亿人口，无宗教者有11亿人，只占全体的15%。但是，现在发达国家中无宗教者的人数有增加的倾向，调查发现有20%的美国人是无宗教者，在年轻人中无宗教者的比例高达30%。考虑到在20世纪90年代，无宗教者的比例只有几个百分点，这确实是令人惊讶的变化。

唐尼教授声明"这并不是在调查其中的因果关系",提出了从 1990 年开始无神论者的增加和网络普及的时期一致的观点。当然,两种现象在同一时期发展,并不能成为无宗教者增加的根据,但是从逻辑上来看,还是可以理解部分观点的。

日本和美国都属于经济发达、网络普及率高的国家。网络的普及保证了任何人都能获取信息,将自己所处的世界和外部世界进行客观的比较。这时候,不再盲从以前无条件信奉的宗教,也是很有可能的事情。

那么,新兴发展中国家今后在经济发展的过程中,人和宗教的关系会发生怎样的变化呢?在这里,基于经济发展,网络基础设施也会得到普及的前提来预想一下吧。

回顾宗教出现的原理,我们就会发现宗教也是和其他系统一样,是顺应社会的必要性而诞生的。宗教的职责是向社会中得不到回报的人提供生存下去的信心与救赎。在过去,奴隶和受迫害的人们每天过着得不到回报的生活,他们将信仰作为希望生活下去的支撑是很常见的事情。从很久之前开始,长期持续下去的宗教,大多数是讲述现世的利益和看不见摸不着的来世的利益。宗教是得不到回报的现实的避难所。在这个意义上,宗教实际上是残酷的生活环境中令许多人困扰的问题的解决方案。

但如今这种状况正在改变。

特别是在 40 岁以下年轻人群，由于他们可以通过网络比对信息，要人们相信科学无法说明的事物，慢慢变得越来越难了（在这种意义上科学本身也可称为一种宗教）。

另外，从必要性的层面来看，在日本和美国这样的发达国家中，要过上过去封建社会里那种不平等的凄惨生活也是不太可能的。

也就是说，在现代，将宗教视为解决方案的这一社会必要性正在减少。从社会需要和供给的观点来看，发达国家的无宗教者在增加这件事本来就不奇怪。

但是，从别的观点来看，改变了形式的不平等依然存在。

以竞争为前提成立的现代发达国家资本主义社会中，必然存在成功者和失败者。在资本主义社会里，资本不可能平等分配。不如说资本本身具有不平等的性质。因此社会财富的构造是 20% 的成功者独占 80% 的资本，其他 80% 的人口去分配 20% 的资产（有时候会少于这个比例）。

像经济这样会成长的网络系统必然会发展出这种特征。人类在进行买卖等经济活动时，会倾向于选择历史最久、业绩最好的对象。被选择的对象的业绩和信赖度会进一步提升，获得更多的支持……像滚雪球一样越滚越大。这样的过程导致了经济上不平等。推荐对此有兴趣的读者去读一下艾伯特 – 拉斯洛·巴拉巴西的《新网络思考》这本书。

即使这样，如果资本收到重力、空间、时间等物理法则的限制，成功者和失败者的个体差别就不会相差得太远。人类不论身高有多高也无法达到 5 米，再怎么练习也不可能跳上高楼大厦。食物过了一段时间就会腐坏，也占用空间，所以无法无限制地囤积。这些都是受到了物理法则的限制。

而货币的本质是数据，是一种概念，所以可以不受物理法则的束缚。因此想要增加货币的话，只要活用规模利益，就能够使其无限制地增长。

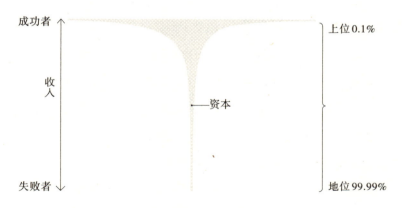

图 5　不平等的资本

调查结果显示，包含比尔·盖茨在内的 80 位世界首富所拥有的财富，和最贫困的 35 亿人拥有的财富总和是差不多的。资本主义世界里的贫富差距并不是平均分布的，实际上是像图 5

那样的形式存在。

资本具有向有资本的地方汇集的性质，只要聚集了大量资本，想要维持这些资本就不是什么难事。依靠利息的收入维持生活的人就是典型的例子。出生在有资本的家庭的孩子能够接受高水准的教育。这样的孩子在职业方面比普通人多了很多选择，在经济上进入成功者人群的几率也是非常高的。

在现代资本主义社会，像封建社会时代的不平等现象已经很少了。但是，封建社会和现代社会的构造从根本上是相同的。封建社会中的"身份"在资本主义社会里变成了"资本"，不平等依旧存在。

在能够利用网络实时交换信息的现代社会，不平等更是直接可见。一个人是否幸福其实是一个相对的概念，所以在很容易能和他人进行比较的当今社会，更容易感受到相对的不幸感。

去过朝鲜平壤的朋友跟我说过，虽然外界的人会认为朝鲜的国民非常可怜，但是居住在朝鲜的人民实际上过着相当安稳的生活。

由于没有自由竞争的概念，在朝鲜国内很少有机会能感受到相对的不幸感。由于信息也被严格限制，朝鲜人民并没有和其他国家人民比较的方法。想知道自己幸福与否也没有比较的对象。

心理学家巴里·施瓦茨曾经提出，人类获得的信息量和幸福程度是成反比的。人类越是获得更多的信息，就越是容易将自己和他人进行比较，也就越会思考曾经放弃的选项，陷入深深的后悔。

现代资本主义社会是以竞争为前提建立的，因此必然会出现成功者和失败者。本来，宗教就是在这种现存结构中为失败者提供的解决方案。

有一点和过去不同的是，现代发达国家的人民从整体趋向于越来越无法相信非科学的事物了。

从前人类总是将无法理解的事物归结成神和恶魔的行为。但是，科学诞生后，人类就获取了理解世界的方法。结果科学就造成了令人难以接受"神和恶魔的行为"这一解释的副作用。

因此，宗教就无法继续成为现存结构中的失败者们的解决方案了。现存社会系统中，得不到回报，但是又没有宗教信仰的人今后也会不断增加。

科技无法成为宗教。但是，在某种意义上会承担和过去的宗教相似的职责。

网络是虚拟的空间，所以人们可以在网络上展现和现实生活中完全不同的人格，这并不仅限于匿名的情况。像 Facebook 这种实名制的 SNS 中，在网上和现实中给人不同印象的朋友一定是存在的。有些人在现实社会里不擅长看人脸色说话，在看不到对方的脸，只用文字交流的网络上，反而能够更好地进行交流。

对于在现实中遇到烦心事的人来说，网络或许是像避难所一样的存在。在和现实没有交集的空间里，可以用其他的人格毫无顾虑地说出想说的话。虽然个人不太赞许这种做法，但2CH 和 Twitter 上随处可见的诽谤中伤言论，一定程度上也起到了排解压力的作用。

网络提供了和现实有所区别的空间，随之便有言论认为现实和虚拟的界限将会消失。如果小孩子过分沉迷于网络游戏的话，是否会将虚拟世界的暴力行为带到现实中来呢？这样的观点就是一个典型的例子。但是，在网络普及以前，游戏漫画等作为新兴媒体登场时，也出现过类似的言论。

好坏的概念是相对的，根据时代不同会有所改变。这里把网络作为一种客观的现象，展望一下今后科技会对现实社会带来的影响。

我在第一章中曾提到过，网络和各种物体相连接，并开始侵蚀现实世界，而 IT 则是正相反，引导现实世界向虚拟的方向进化。那就是将独立虚拟空间如同现实世界一样展现出来的 VR 世界。**信息技术扩张到现实世界，就会向机器人方向发展，扩张到虚拟世界就会向 VR 技术方向发展**。

以 Facebook 收购的 Oculus 为例，VR 也是许多 IT 企业积极投资的领域。现在人们一般是使用被称为头戴显示器的眼镜式设备来体验虚拟现实，但今后随着设备的小型化，VR 体验应该会变得更轻松、更方便。

最尖端的 VR 技术，已经拥有了令人分不清现实和虚拟世界区别的高端性能。

这些技术本身已经是划时代的进步，一旦和网络连接，在虚拟空间中建造出另一种社区的话，也会给人们带来更大的冲击。

这样一来，现实和新世界就能够平行存在，人类可以在多个现实和多个人格中任意选择，去自己想去的空间。

现在的 VR 仅仅是再现了视觉，而有些企业正在组建更有野心的项目。那就是获得了包括 Google 在内的 650 亿日元投资的创业公司 Magic Leap。这个项目的细节目前尚未对外公布，但在我撰写这本书时，据说他们不仅要再现视觉，还会尝试再现触觉。以 Google 为首的多家有名企业，会对一家尚未发售产品的公司投资 650 亿日元以上，正说明了这个项目里蕴含了改变社会规范的可能性。未来人类能够看到、触摸到不存在的事物，而这一天大概离我们不远了。

Magic Leap 创始人罗尼·阿伯维茨是创立了许多机器人创业企业的人物。Google 应该是将其看作是 Google 眼镜项目的后援，同时也为了对抗 Facebook 收购 Oculus 这一行动，因此向预先投资这个领域。

回到原理来思考的话，为了实现目的而发现其他途径时，现存的途径就不再是独一无二的存在，而是成为了一个选项。

如果在现实世界里看不到希望，将更多时间用在计算机创造出的虚拟世界里的人不断增加的话，那么现实世界变成备用选项的可能性是非常高的。随着科技进一步发展，迎来能够再现各种感官的时候，人类就能够选择自己最想居住的世界作为"现实"生活下去了吧。

当然，这样的世界并非现在的我们所习惯的世界，也会有许多人感到不安。一项新科技要渗透进社会，并且被人们所接受，需要花很长的时间。即使技术上能够实现，但在被大众所接受之前，都无法得到大范围的普及。

人类转换价值观的时间点，就是科技带来的便捷性超越了人们心中不安的瞬间。为了让社会接受现实和虚拟世界的融合，硬件、软件、商业等方面还有很多需要完善的地方。

以网络为中心的信息技术并不像宗教那样拥有教义和信奉的对象，但是在为现有的社会体系中得不到回报的人提供新的救赎这一点上，网络和宗教起到了相同的作用。

到现在为止，科学否定了神的存在，但科学所创造的科技起到了代替神的作用，着实是一件讽刺的事情。

随着社会中存在的事物不断变得合理化，宗教带来的救赎变得越来越难。但是，只要人类对救赎还有需求，科技就会去实现它，为人类逃避现实世界提供新的选项。

第四章

抢先未来做决定

前文中对于社会今后发展的大方向进行了说明。但如果只是把握了变化的趋势，这是没有意义的。走在时间的前面所需要的最后一个步骤是行动。接下来我要重点讲述的是在把握未来方向性的前提下，个人应该如何做出决定。

回避效率化的"陷阱"的方法

第二章中，在思考现存系统今后将会如何发展时，我曾说过，最有效的思考方式是回到原点探讨其诞生的原因，再验证它现在是否依然最合适。这种方式也适用于个人的决定。

在商务书籍中经常会介绍提高效率的秘诀和工作技巧。**但是，如果想要取得巨大的成功，首先必须考虑的一点就是，自己现在正在前进的方向是否就是自己应该前进的方向。**

无论怎样想要提高现在所做的事情的效率，最多也只是比从前快 2 ~ 3 倍。

如果你想要获得 10 倍或是 100 倍的成果，那么就需要重新审视现在自己所做的工作本身。

无论怎样改造自行车，它也永远无法飞上太空。无论踏板踩得多快，自行车本身的构造决定了它无法浮在空中。如果想要去月球，首先需要从现在乘坐的自行车上下来。

这就如同科技的发展使现存的系统落后于时代，**时代的急速变化导致自己过去选择的道路不再是最合适的道路，这样的事情层出不穷。**

如果一心只想提高现在的效率的话，也就等同于放弃探索新的路径并停止思考的状态了。现实世界并非像迷宫一样只有一条通往终点的道路，到达目的地的途径是无限的。

虽然我认为这个世界上没有白费的努力，但是有得不到回报的努力。很遗憾，在没有意义的领域无论做得多优秀，实际上都是没有意义的。

事物都是依照惯性发展的。在思考要如何能够提高现在正在做的工作的效率，最好养成事先考虑现在所做的事情是否有价值的习惯。

为了获得更大的回报，在合适的时间点站在合适的位置是很重要的。一个人再怎么努力，能做到的事情是非常有限的。与其只依靠努力，不如顺应时势，才能更迅速地到达目的地。

我见过好几位短期内将企业发展壮大的经营者，意外地发现他们有一个共同点。实际上，这些经营者并非沟通能力很强，也并不是拥有非凡领导力和人脉的超级精英。他们共同拥有的是"读懂世界的趋势，察觉当前所处位置中最有利的资源"的能力。

在个人魅力方面，或许普通企业中的顶级的销售人员会远远超过他们。但是，个人再怎么优秀，通过努力能够获得的成果也是有限的。想要取得大规模的成功，就要拥有理解世界的结构并读懂趋势的能力。

沟通能力和外在魅力在某种程度上是与生俱来的。但是，要具备预测未来的能力并不是什么难事。重要的是决定是否将自己的时间投资在这种行为上。

① 坚持从原理开始思考

抢先预测未来有三个要点。首先，养成从原理开始思考的习惯。从原理开始思考，需要考虑该系统是为了满足怎样的必要性而诞生的，需要基于它的历史来思考。只关注眼前的状况并进行议论的话，也只是看到了单个的"点"。不根据长期变化的"线"来思考是没有意义的。

世界上所有的产品、组织、服务全部是为了满足某种必要性而诞生的。但是，随着时间推移，当初被认为最有效率的选项也会渐渐变为不合时宜的落后之物。即使这样，人类是依照惯性采取行动的生物。做出全新的选择，从零开始学习，对谁来说都是一件麻烦事。

近代以前，世界变化的速度没那么快，所以持续使用同一种方法是没什么问题的。有些人一辈子都在使用同一种方法工作，在有些领域同一种工作方式能够延续几代人。

　　然而在现代，我们的生活方式在一生中会发生很多次的变化。**像过去那样，一直持续使用同一种方式做事，风险是很高的。**我们所生活的这个时代，需要时常关注世界中的变化，检查自己当前从事的活动是否和变化相一致。

　　为了防止手段变为目的，我们需要思考当前从事的活动是为了解决怎样的问题，并且将其原理牢记在心中。如果这个问题有了更有效率的解决方法，那么就没必要坚持当前的做法了。

　　锚的存在是为了让船不随着海浪飘走，原理也是同样的作用。只要能时常回到原理来思考事物，自己所乘坐的船就不会轻易随波逐流。

② 知晓科技的现状

　　为了判断问题的解决方法是否符合时代需求，需要知晓科技的现状。现在，如果要从东京前往大阪，大概没有人会考虑步行吧，但是在日本的江户时代，步行被认为是最合适的方式。而现代人都知道，使用汽车或新干线等科技手段就能快速到达目的地。

　　理解科技，会经历以下四个阶段：

　　① 使用

　　② 理解其潜能

③ 从原理理解其诞生原因

④ 知晓实际的制作方法

全世界使用计算机的人（①）超过了 27 亿。使用计算机能做什么事，计算机有什么潜能，应该也有九成以上的人知道（②）。但是理解包含电子回路在内的计算机运行原理的人（③）大概只占 0.01%。

要读懂未来的方向性，并不需要做到④的程度。另一方面，①和②有很多人都理解，所以并不会产生优势。因此最重要的是能否理解③的原理。只要知道了这项科技诞生的原因和能够解决的问题，在出现新的解决方案之前，就能够尽早察觉未来的方向性。

③ 确认时机

理解事物的原理，找到更有效率的方法，理解技术上实现该方法的可能性，最后就只需在合适的时机开始行动而已。为了做到这一点，需要调配必要的资源。实际上最后这点是最难的。

在商业的领域里采取行动，和乘坐列车很相似。在眼前，有着仿佛大城市上下班高峰那样，争分夺秒运行的列车。根据选择的市场和运营方法，需要选择要乘坐的列车。但是乘客事先不知道列车会驶向何处。要预测列车能走多远，就在于乘客读懂未来的能力了。

如果能找到走得最远的一趟列车并乘坐它，就能获得巨大的成功。但是，想要上车必须先获得车票。

所谓车票，指的是资源。资源包括资金、技术、经验、人脉，等等。如果不具备最基础的条件，那么就无法乘车。

当然，乘坐不同的列车，需要不同的车票。

即使掌握了需要解决的问题和解决方法，没有车票的话，机会也会飞走。

而另一个最重要的因素就是列车的发车时间，也就是时机。

在商业的领域里没有规定好的时刻表，只能依靠自己的预测去把握列车到来的时机。时机决定了一切。

所以，只是能够读懂未来并没有价值。为了能够享受未来的恩惠，就必须要具备必要的资源，并在车站等待列车的到来。

为此，我们首先需要把握好自己手中的牌，并在列车到来之前备齐我们所欠缺的条件。

列车到来的时机越近，想到同样主意并等在站台的人就越多，这样一来，每个人获得的平均利益就会变少。而在时机到来之前越早开始准备的人就越少，每个人能获得的利益就越大。在竞争变得激烈之前抢先一步进入市场，就能享受先行者的利益。

但因为，要做长时间的准备需要宽裕的经济条件，所以必须在早期就判断出哪种行动方式最合适。

将媒体和周围人看作试纸

那么，究竟怎样才能预测时机呢？在思考预测方法之前，我们首先需要知道一个大前提，那就是完美地预测时机是不可能的，因为人类无法预测世界上存在的所有不确定性。

但是时机是有一个缓冲区的，重要的是如何将预测的误差维持在缓冲区之内。

为了预测准确的时机，可以将周围人的反应作为试纸。只要人类在进行商业扩张，时机就不过是相对的概念。是早是迟，都是依靠和潜在竞争的关系决定的。

如果某种新兴事物只有极客[①]感兴趣，向别人提起时80%的

[①] 美国俚语"geek"的音译。随着互联网文化的兴起，这个词含有智力超群和努力的语意，又被用于形容对计算机和网络技术有狂热兴趣并投入大量时间钻研的人。——编者注

人都会反问这是什么的话，那么就可以判断为时尚早。相反如果面向大众的报纸、杂志、电视等媒体都在频繁地报道这种事物的话，那么就是已经错过时机了，从这时候再采取行动就为时已晚了。

为了不使样本过于集中，尽量询问各种类型和属性的人的意见，并观察他们的反应吧。

缺乏经验和资源的年轻人，以及有丰富的资源和经验的人，对于他们来说最佳的时机也是不同的。缺乏资源的人如果要参与竞争，资金上绝对会输给其他人，所以需要在更早的时机进入行业。而有经验者只要进入行业就能获利，所以只要资源丰富，略晚一些进入行业也是来得及的。为了提高成功率，可以一边观察缺乏经验的人的动向，在他们做好准备之前，从后方攻个出其不意是最好的。如果错过了这个时机，缺乏经验的人就会备齐进入行业所必需的资源。

在把握规律前不断试错

　　阻碍人们行动的，首先就是感情，人们时常会在意别人对自己行为的看法。行动总是伴随着风险，只要想到失败时受到的批评和嘲笑，不论是谁都会感到害怕。

　　人类的感情如同敲击固定的位置就一定会响起相应的声音的乐器，听到批判的话就会变得消沉，听到表扬的话语就会变得高兴。人类总是对他人的行动产生共鸣，容易受到他人的影响。

　　但是，如果想要知晓眼前的现实的运作规律，想要理解真正的机制，就必须暂时屏蔽这些感情。观察事物时需要把它们当作是客观的数据。

　　为了理解整体的规律，需要一定的样本作为分母。只尝试一次就想看清规律是不可能的。要理解规律的话，需要完成一定次数的尝试。

假设你在创立某个项目时需要招募工作人员，并且你对项目的成功也十分有信心。但是，在你充满热情地对第一个人进行游说时，却意外地遭到了冰冷的拒绝。这时候你的自信或许会受到相当大的打击，甚至会有放弃的想法。

大多数人在这个阶段就会放弃。但是，试着游说100个人后，最终或许有10个人愿意加入你的团队。可以推测出，人们愿意参与项目的几率就是十分之一，如果需要招募50个人的话就要考虑游说500个人。只要发现了概率，就能找到合适的应对方法。

当事业无法顺利进行时，基本上都是因为没有进行次数足够多的尝试，所以也就无法找到其中的规律。很多人即使明白需要更多样本，但出于感情的缘故，大多数人在收集到足够多样本之前就会选择放弃。阻碍目标达成的实际上是人类的感情。

当然，只要是人类，就都无法逃离情感的动摇。但是，**不为一次的成功和失败感到或喜或忧，在准确掌握规律前反复进行实验**，是很重要的。

怀疑逻辑思考

在现代社会中做决定时，一定要掌握逻辑思考这项十分重要的技能。在公司内部介绍新项目，或是经营者向投资者介绍公司事业时，如果不具备一定的逻辑性的话，就很难得到对方的认可。

但是，逻辑思考只有在说服他人时会发挥重要的作用，对于看清事物的成败实际上起不到太大的作用。

逻辑性强就可以说服任何人，但是他人和自己都能认可的事情并不等于成功的可能性高。

商务书籍中对于逻辑思考的说明是能够系统地捕捉事物本质，把握整体，将内容整理为有逻辑性的内容并准确地传达给他人的技术。

这里需要注意的重点是"系统"以及"把握整体"这些词。人类究竟有没有办法把握整体呢？这里实际上是个文字陷阱。

假设讨论开设新项目的负责人在公司内部举行介绍会议。

负责人提出，有一个市场在全世界受到了广泛关注，但是在日本还没有任何企业进入这个领域，因此公司应该准备占领这个市场。

负责人提供了市场的成长性、国际用户的增长率、自家公司进入市场时的竞争优势等材料，以及有能力做这个新项目的人员名单。项目人员根据负责人的说明预测成功的概率，决定是否要进入该市场。

但是，如果同时有10家公司都召开这样的会议，会有怎样的结果呢？市场会在一瞬间陷入不良竞争，开始恶性的价格战，企业无法获得充分的利益。但是，人类无法监视全世界的动向，无法实时知晓别人在准备什么工作，思考什么事情。所以，就会缺乏判断竞争环境的材料。

如果这时候项目人员中有人提出"某大企业下个月也要进入这个行业"的具体情报，那么这个公司一定会做出不一样的决定。也就是说，**能够构建的逻辑，有可能在很大程度上依赖于这个人所收集的信息范围，这样是十分危险的。**

是否符合逻辑的判断，还依赖于这个公司的能力。

例如，Facebook在2012年花费10亿美元收购了拥有13名员工、营业额为 0 的照片共享软件 Instagram。

当时，Instagram 在全世界的用户只有 3 000 万人左右。对于拥有 12 亿人用户的 Facebook 来说，看上去并不是十分具有吸引力的企业规模。

许多投资家都对这项收购行为表示怀疑，甚至有媒体认为 Facebook 是在浪费钱。但是，在 3 年后的 2015 年，Instagram 的每月用户超过了 3 亿人。考虑到每月用户数量差不多的 Twitter 的企业价值为 240 亿美元，Facebook 这项遭到质疑的收购行为，实际上是挖到了一个大宝藏。

Instagram 现在虽然不是 Facebook 的主要盈利项目，但是一旦将 Facebook 的广告模型应用到 Instagram，就能迅速获取盈利。3 亿用户互相交流的价值在任何时候都能置换成资本。

我认为，Facebook 的经营者通过吸取自家公司的发展经验，掌握了有成长潜力的软件的规律。事实上，在经营者过去的采访报道里，有提到过照片在今后的 SNS 中将成为关键性内容。

Facebook 如果不是通过自身的发展中对 SNS 有了深刻的理解和丰富的经验的话，就不会做出花费 10 亿美元收购 Instagram 这样的决定。

能做出这样看似不合理的判断，其实应该归功于经营者们对于 SNS 领域的高度的知识储备。

逻辑思考有两大障碍，即无法获得所有信息，以及决定者所拥有的能力。

　　但问题就在于，很多人并不知道这两大障碍的存在，而直接将自己认知中的现实范围当作整体状况。如果构筑逻辑基础的材料本身含有不正确的内容，那么这样的逻辑思考将会被人类对于将来的认识所颠覆。

事后添加合理性

当我们回顾过去所做出的决定时，经常会发现有很多决定在当时并不能说是完全合乎逻辑。

在企业经营中，在所拥有的人才、资金、经验等资源的范围内，投资成功率最高的事业，也被称之为合理。相反，手中资源紧张时开展困难的事业，会被周围人认为不合理。

我最开始决定做全球手机应用收益化支援服务时，正是处于后一种情况。当时，资金、经验、方法，无论哪种资源都没有准备好。

但是，只要知道智能手机的普及让社会进入了只需一个软件就能向全世界发布内容的时代，就会明白，只在本国发展事业会很快就碰到天花板。

纵观 2010 年中国和美国市场，就知道互联网的中心正在从 PC 转向智能手机，从 Web 转向应用软件。由于应用商店拥有全世界都能参与的统一平台的性质，我立刻明白了全球化的趋势是无法阻挡的。

专注于内容的企业要在应用商店里和全世界的企业竞争，也就意味着他们需要对应全球市场的市场战略。我认为，业界需要横跨全世界对软件销售进行支持的组织。

但是，那时候世间并没有开始讨论这一点。虽然这在今天是理所当然的事，但在当时，人人都会拥有智能手机，企业会在全球化的应用商店中竞争这件事，并未成为社会的共同认识。

实际上，我当时也没有完全预测到这样的未来。但是，我只是想到从科技的性质来看，计算机的超小型化、高品质化，以及考虑到网络将商业带出国境的趋势，可能会造就这样的结果。

在没有过去案例和资料的情况下，要展示让周围人都理解的逻辑是很困难的。在他人看来，连国内市场都没有占领，就一口气进入国际市场是不符合正常流程的危险决定。

但是，过了不久 Apple 和 Google 等公司整备了市场，当初不被人所接受的观点渐渐成为共识。所以，能够被人所理解的合理性其实是事后才出现的。我所做的事情本身并没有变，但合理性仿佛是事后被加上去的。从这项经验中，我感到日常做决定的过程中似乎欠缺了些什么。

在那之前，我都以自己的认知作为基础来做出有逻辑性的决定。但是，自己的认知就真的那么值得信赖吗？人类真的有正确认知现实的能力吗？关于这点，我又重新开始了思考。

社会是人类正确认识现实，并且能有逻辑地进行说明为前提而创造出来的。

然而现实的复杂性经常会超出人类的理解能力和认识能力，因此人类的认知总是被颠覆。人类每次都是在事后才添加合理性，并且假装自己理解了现实。

事后添加合理性，其实是指针对过去发生的事情寻找看似最为合理的原因，想要让大家持有看似合乎前后逻辑的共同理解的行为。

我在前文中曾提到过，由于信息量的不足和理解能力的限制，人类所创造的理论是不可能做到十全十美的。但是，社会在做出判断前就寻求理论性，只好在事后创造出类似的理论，表示自己已经理解了这件事。如果不这样做，社会就无法更好地运转。

在当今社会，我们在采取某项行动前总是会被问为什么，但是很少有人如实地回答"不知道"然后继续勇往直前。

这一点和科学发展过程中渐渐不容许不合理的选择存在有很大关系。

在过去，人们可以将无法理解的事物归结于神或恶魔的行为。然而在今天，这么做的话可能不会得到任何人的赞同。

人类的大脑不具备正确理解现实的处理能力，这个事实经常被人遗忘。实际上，做出判断所需的信息也好，将不同信息相关联的知识也好，在这些方面我们一直是有所欠缺的。

我们能做的，只是将眼前拥有的材料混合起来，创造出让自己和周围人理解的仅限一时的合理性。

如果想要做出真正意义上的合理判断，就不能允许不合理的事物存在。人类始终无法走出事前一定要理解无法理解的事物的悖论。

所以，我们在做决定时需要时常考虑到自己的认知会出错的可能性。每次采取行动时都要获取新的信息，随时更新自己的认知。

考虑到将来会获取新的信息，在做决定时容许存在一定程度的逻辑矛盾和不确定性，这才是抢先预测未来的捷径。

不相信自己的投资大亨

仔细观察历史，就会发现许多逻辑上说不通，但依然被视为是理所当然的现象的存在。

例如，并非所有的聪明人都能在事业上取得成功。虽然人们认为非常聪明的人可以应对一切问题，但实际上事业的成功率和经营者的智商并不成正比。

实际上，MBA 的讲师和知名的咨询师作为经营者取得成功的事例非常少。没有经营过产业的经营学家和没有事业经验的咨询师大谈创业理论，面对这样奇怪的现象也很少有人提出异议。

除此之外，在做决定时看上去最合理的判断，从结果看来实际上是最坏的决断这样的反面案例也经常发生。

例如，由于雷曼事件而大受损失的投资公司，往往都是将经营资源集中投资到高收益的次优级抵押贷款上，这种做法在当时确实是合理的判断。现在人们可以很简单地判断这种做法是错误的。但在事件发生之前，几乎没有人提出过反对的观点。

在逻辑和结果明显不一致的情况下，还要将逻辑当作决定的前提，这种窘境简直屡见不鲜。

投资家保罗·格雷厄姆则是针对这一矛盾，在风险投资的领域里取得了成功。

格雷厄姆曾经向 Airbnb 和 Dropbox 等风险公司进行过 1 兆日元规模的投资，同时也是 Y Combinator 的创始人，他曾经在自己的著作中说过，"没有人知道哪个创业项目会成功"。

格雷厄姆不相信自己主观的判断。他设计了一种规则，即将创业者所拥有的各种素质做成数值，只要超过一定标准，就向该项目进行投资。凭借这种方式，他获得了不少成功。

通常来说，人们只会投资自己确信能够成功的事业。投资家都是具有先见之明和自信的聪明人，他们更依赖自己的判断。然而格雷厄姆将"没有人能够准确预测未来"为前提，将自己的判断也排除在外。格雷厄姆通过向自己都无法理解的可能性进行投资，获得了利益。

而那些根据长年经验和直觉，力求事业计划妥当和企业成长，在决定投资前不断探讨合理性的大多数人，获得的利益远不及格雷厄姆，这也是一种反面案例。

　　像 IT 和股票等不受物理限制的行业，拥有强烈的非对称性倾向，1% 的成功者获取了整体 99% 的利益等情况很常见。格雷厄姆正是抓住了其中的矛盾，获得了成功。

不要根据自己现在的能力做决定

正如"车到山前必有路"，很多事情在做之前可能会让人觉得很难，但是做了之后却发现意外地简单，想必很多人都有这样的经历吧。

有些人可能是低估了自己的能力，但更多人是在做判断时没有把能力的成长也计算进去。

在树立目标时，人们会根据当时自己的能力和知识来做判断，计算自己能做到怎样的程度。

因而得出大致的结论。

然而，在向目标努力的过程中，个人的知识和能力等各项数值（变数）都会不断更新。理解未知的事物，学会新的知识，在努力的过程中人们会获得新的能力。结果自己比当初预计的做得还要更好，这样的情况是很常见的。

　　相反，从现在的认知来看能够完成的事情，那么将来的自己能够轻松完成的可能性也很高。如果持续只做现在看起来能够完成的事，就等于失去良机。设定更高的目标，才能够走得更远。

　　如果随着时间的推移，自身的认知也在不断升级，那么现在看起来做不到的事情，也并非真的做不到。如果你还在烦恼一件事是否能够做到的话，那么实际上已经进入了能够做到的范围之内了。

　　从我自己的经验来看，突然开展国际事业时，我并没有确信自己一定会获得成功。现在的我，对于每个国家的市场规模、构成，应该采取什么样的战略去占有市场等事项都十分了解，但当时的我什么都不懂。

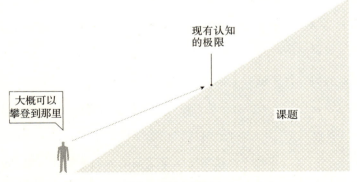

图6　现在的认知

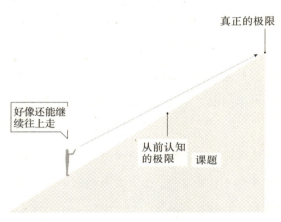

图7   1年后的认知

然而我还是毅然进入了这个行业，因为当时我并不相信自己的认知。当时的我认为自己狭窄的视野所得出的结论是错误的，而现在的我也是这么认为的。被自己贫乏的认知所干扰，从而错失了更多机会才是非常可惜的。

反过来，真正做不到的事情是怎样的呢？我认为，真正做不到的事情，是当事人根本想象不到的事情。完全想不到的事情是不可能去做的，更不会去思考自己能否做到。

例如，我从没有考虑过自己能否进行四次元瞬间移动。就算勉强去想，在考虑自己能否做到之前就会放弃思考这件事。

当然有时候依靠自己的认知也能够做出正确的判断。但是请牢记一点，**开始行动和得出结果之间的时间差越大，自己的认知就越不可靠**。

不在有规则的地方战斗

在 2010 年我和一些美国的投资家们见面，他们都说："如果想要得到投资，就一定要搬到加州。"

"科技的中心就在硅谷，如果不去那里的话就干不了什么大事。"

这些话确实有些道理。美国聚集了大量的人才和资金，Google、Facebook 等企业也都诞生于硅谷。

但是，当时我认为，在已经制定了规则的市场中再怎么努力也无法获得可观的收益，因此想在尚未制定规则的土地上奋斗。

如果入乡随俗的话，就无法办成大事。光是看制定规则者的脸色、捡他们的残羹剩饭就十分花费精力。原本我想在海外

展开事业的原因就在于日本的规则和市场已经成熟，剩下的机会已经不多了。

最终，我决定了以新加坡为中心开展国际事业。

当时我感觉到世界上的剩余资金正在向亚洲移动。同时使用英语和中文的金融中心——香港和新加坡将会聚集大量的资金和人才。

我预测到近几年内新加坡将会聚集剩余资金，决定抢先去新加坡开展事业。

当时面对硅谷的大好形势，我当然还是有一点动心的。但是，**比起自己的直觉，我还是决定优先考虑从规律中总结出的答案**。

在那之后，事情如同我预想的那样发展，许多企业选择新加坡作为亚洲事业的中转站，新加坡的经济年增长率超过了10%，迎来了泡沫经济时期。当时大部分企业都聚集在硅谷，在新加坡设立分公司并且进行实质性活动的日本公司只有两家，所以许多考虑在亚洲发展的企业都来找我咨询。结果，我在短时间内就建立了强大的人脉，如果在日本国内发展事业的话，是做不到这一点的。这也是事先预测到整体的趋势才能做到的事情。如果在他人制定好规则后再出发的话，是无法抓住这样的机会的。在那之后，我以新加坡为中心，花了3年时间在8个国家地区开展了事业，如今大部分收益都是来自日本以外的国家。在这其中，事业发展最困难的正是美国市场。

美国市场中有大量优秀的人才，资金也十分充足，所以竞争比预想的要激烈得多。人才流动性很高，所以要长时间留住同一个人才并不简单。另外人员费和租金等各种成本也十分高昂。

另外，由于在该领域中已经以一部分投资家为中心形成了一种体系，如果不能进入其中，就无法开展事业。虽然在外界看来，美国市场不断有新的成功出现，但这些成果大多来自一小部分企业，如果从成功几率来看的话，几乎所有的起步项目都会失败。

如果我当初选择进入美国市场的话会是怎样，想到这一点我就直冒冷汗。一开始就出师不利的话，或许之后会很快就放弃吧。

诞生了许多明星企业，看上去充满了机遇的硅谷，实际其中夭折的企业数不胜数。

如果想要开展新事业的话，我推荐选择尚未出现规则制定者的领域。如果踏入像当时的硅谷那样已经有许多人都想要进入的领域，就会有可能落后于他人。

山田进太郎先生创立了 Unoh Games 公司并将其卖给 Zynga、如今运营二手交易平台 Mercari，我曾向他询问为什么他会进入 IT 业界。他的回答是，因为当时比起其他业界，IT 行业中的优秀的人才比较少。

2000 年左右，日本 IT 行业才刚刚起步，各方面资源都十分贫乏。因此，除了一部分挑战者之外，基本没有其他的选择。

当时电视台和金融行业十分热门，竞争也十分激烈，就算运气好找到工作，要在这两个行业里存活下来也很不容易。相比之下，新兴业界优秀人才较少，所以存活下来就不那么困难。如果市场继续发展的话，就能够同时收获竞争的胜利和市场的成长，可谓是一箭双雕。

在考虑要在什么领域发展时，首先选择容易发挥自身能力、将来发展的可能性更高的领域，这样能获得更大的利益。

由于价值是相对的概念，市场扩大，以及人才需求变大时个人的价值就会上升，反之市场缩小、人才过剩时个人价值就会降低。

对于志向高远、想要在行业里做到第一名的人，我还有一件事要告知。

我在刚开始手机应用收费事业时，也是没有多想就定下了"亚洲第一"的目标。但是，当目标越来越明确时，我感觉它成为了某种意义上的"逃避"。

把目标定位第一，是由于行业中有人已经制定好了规则。定下成为第一的目标的同时，有可能就会成为永远的第二名。**即使参加者竭尽全力，也无法战胜规则本身**。真的想要成为第一名的话，就请自己制定规则，飞向未开发的领域吧。

比起信任感，要更相信规律

现在我的公司所开展的手机应用软件收费支援事业，是在2010年末开始策划，2011年春天才正式启动的。

吸引客户、分析、广告收益等商务活动上需要的部分由我们准备，制作软件的人只要专心制作有趣的内容就可以了。

这项服务实际上一开始是专门为安卓系统平台打造的。IT行业之外的人可能不太清楚，当时 Apple 公司的 iPhone 占有压倒性的市场份额。

虽然现在安卓系统的市场份额很大，但当时说起智能手机，大部分人只会想到 iPhone。当时的安卓系统手机，操作远没有现在这样顺畅，用一句话概括就是仿佛破破烂烂的玩具。

安卓系统是 Google 免费发布的系统。由于该系统可以被终端厂商改造，所以硬件和系统就可以由不同的企业来制造。因为机型不同，所以制造方法也不同。而且一部分机种也经常发生无法使用软件的故障。这对于开发者来说是很大的缺陷。

　　我第一次拿到安卓系统手机时也惊讶于它的低性能，十分不安地想"这种东西真的能用在商务办公上吗"？

　　那时候 iPhone 的硬件和系统都是由 Apple 公司自己制造，形成了稳定的体系。2009 年到 2011 年，有九成的应用软件的市场都被 iPhone 所占领，而安卓系统软件市场几乎筹集不到资金。因为没有人付费，所以没有人打广告，产生了恶性循环。如果要问我，关于公司为安卓系统打造专门的平台这样的决定是否能够给出合理的解释，其实我无法确定。

　　即便如此，我还是预想到当时低性能的安卓系统手机会普及，这是因为我从过去的事例中学到了规律。

　　在智能手机领域的安卓系统和 iPhone 的竞争，与从前的个人计算机领域里微软和 Apple 公司的竞争非常相似。

　　史蒂夫·乔布斯所提出的 Apple 公司战略一直贯彻到今天。从硬件到操作系统全部是在 Apple 公司内部制造，并以此来提高产品的完成度，他们的商业模型就是这种横向专业型。因为设计才是让他们能够在竞争中处于不败之地的根本。由于 Apple 公司的盈利中心来源于硬件的销售，因此需要公司完全掌控所有细节，这样才能制造出完成度极高的产品，使其成为畅销商品。

　　而微软公司并不制造硬件，他们所采用的商业模型是向各大计算机厂商贩卖操作系统权限的纵向一体型。那时候的微软公司是一家比 Apple 公司规模小很多的公司。据说乔布斯当时总是把比尔·盖茨叫到自己办公室来，从这一点就能看出当时两家公司的规模差距。

　　最后大家都知道结果了，微软在个人计算机领域占领了九成以上的市场份额，获得了巨大成功。这个成功使微软的创业者比尔·盖茨一度成为世界首富。而 Apple 公司被逼到了设计等特殊用途才会使用的边缘产品位置，市场占有率也跌至个位数。

　　成败的关键就在于横向专业型和纵向一体型两种商业模型的差异。横向专业型是只要成功就能赚取高收益的模型，但由于整个制造流程都在公司内部完成，因此需要相当的实力和知识。而纵向一体型将流程中不足的部分分摊给其他公司，自己公司只需加强自己擅长的部分，因此不需要太多实力和知识。和其他公司合作的大型体系本身就会在竞争中更容易获得有利地位。由于收益是分配给系统里所有公司的，所以每个公司只有小部分的分成，但由于是多个公司合作开展一项事业，并非一家公司负责到底，所以要扩大事业也非常简单。

　　过去的微软公司，让开发架构的巨头 IBM 等公司使用自己公司的操作系统，并以此为切入点，向其他想要和 Apple 公司竞争的 PC 厂商销售操作系统。在那之后，由于各大 PC 厂商之间竞争非常激烈，互相争夺利益，而构筑了标准操作系统独占地位的微软则坐享渔翁之利，成了最大的赢家。

前面铺垫有些长了。安卓系统针对 Apple 公司采取的战略和微软几乎相同。在 2008 年，人们说起智能手机基本都只会想到 iPhone，因此以三星为首的手机厂商开始思考如何赶超 Apple 公司。这和从前各大 PC 厂商对抗 Apple 公司的状况几乎是一样的。各大智能手机厂商也不具备 Apple 公司那样的实力和知识去独自完成手机制造的全部流程。

Google 就像当时销售操作系统的微软一样，向各大手机厂商提供安卓系统，目标是在多个厂商之间构筑同一个体系。和微软不同的是，Google 将操作系统无偿提供给手机厂商。由于 Google 的盈利来源主要为广告，所以安卓系统用户持续增加的话，后期就可以从广告中回收成本。

当时的我看着破破烂烂的低性能的安卓系统手机，心中十分不安，但最终还是选择了从规律中总结出的结论，也就是赌上了安卓系统会像 Windows 一样普及的未来。

但是，从当时的状况来看，安卓系统的用户体验实在太差了，所以我做出选择时并没有得到周围人的认可。

更重要的是，**当时我的直觉也并不能感受到安卓系统今后的优势**。

我最初将事业方向转向安卓系统，由于市场还没有形成，也无法立刻开展事业。但是从 2012 年开始，市场的趋势开始发生了变化。各大厂商都开始生产智能手机，而它们使用的正是安卓系统。

一开始，有 100 万下载量的软件使用我公司的服务时，都会令我感到十分惊讶。后来安卓系统手机迅速普及，导入下载量为 1 000 万到 5 000 万的软件也不是什么新鲜事了。3 年后，我公司的服务导入了下载量为 10 亿以上的软件，公司的规模也迅速扩张，现在已经有 2 亿以上的用户在我们的系统平台上玩手游。

在我的事业刚起步的 2009 年，安卓系统所占有的市场份额还不到 10%，到了 2014 年占有率已经达到了 85%。

我们的服务成功的原因不是孤注一掷的努力也不是划时代的革新。**我们只是在未来趋势到来之前，抢先等待在那里罢了。**结果就是被趋势的大潮所托起，扩大了事业。

世界上的变化都存在一定的规律。看上去捉摸不透的市场变化也遵循着一定的发展机制。也就是说，现在的许多情况都和过去如出一辙。

通过这件事，我体会到了在合适的时机站在合适的位置的重要性。当然，要使事业成功也需要一定程度上的业务能力。但事业究竟能发展到哪一步，还是取决于当前所把握的趋势规模。人类无法控制趋势，但只要抓住科技的规律，就能有意识地捕捉到趋势。

以平等来决断

　　真正重要的并非自己一时的认知，而是是否会赌上从发展规律中总结出的未来。在 90% 的人都能看清未来走势时，即使想做决定也为时已晚。如果谁都能捕捉到的话，那么机会就不再是机会了。

　　从实时状况来看自己和他人都不会想到，但从原理规律推测出来的一定会到来的未来，才是必须投资的对象。如果你自己都预想不到的话，那么竞争对象一定也预想不到。

　　从统计数据来看，90% 的商业活动都会失败。剩下 10% 中能够盈利的只有 1% 左右。也就是说，99% 的商业活动都无法顺利展开。

　　直觉上感到会顺利进行的项目，其他人也会感到，因此会出现大量的竞争者。结果会形成过度竞争，利益被削减，最后以事业失败告终。

我自从开始尝试创业以来，总共创立过 10 个以上的新项目，成功和失败的项目各有其独特的特点。自己和他人都认为能成功的事业最终失败了，包括自己在内大家都半信半疑的项目反而成功了。

我曾经向其他公司获得巨大成功的项目制作人和经营者们询问过项目创立时的情况，结果大家的回答惊人地一致。不论哪个项目在创立之初都没有得到关注，不论公司内部还是外部都没有人认为它们会成功。

只有 1% 的商业活动会成功。那么成功的事业必然是少数派所创立的。使用多数派考虑到的创意获得成功并不简单。大企业中有成千上万的聪明人，他们所考虑到并付诸行动的创意里，不会给他人留出余地。相反，连自己都半信半疑的创意，也无法得到其他人的理解，反而能够避免竞争，按照自己的步调慢慢发展。

当周围人都明白这是一个机会时，就为时已晚了。自己认为成功和失败概率都只有一半时，才是正好的时机。

和周围人谈论创业想法时，如果对方立刻就能理解的话，那么请重新考虑。如果对方的反应是否定和不理解的话，那么反而是有机会成功的。

为了让未来提前到来

　　正如前文中所说的，社会发展的方向有着大致的趋势。为了让社会整体变得更加便捷、更加有效率，在反复试错的阶段会产生各种选项，但最终只有效率最高的选项会留存下来，统一成一个结论。渐渐提高效率后，社会就会沿着一根单线程的轴心发展，这时候就没有多少余地产生其他多样性的变化了。

　　按照时间顺序来看，首先，如果诞生了一种科技，有可能使现存的社会系统提高 10 倍以上的效率，那么社会就会以这种科技为中心进行重组。

　　例如，蒸汽机和电力诞生后，产业中心从农业转向工业，农民纷纷走向城市，去工厂工作。资本家和劳动者之间的劳资关系成为社会中普遍存在的关系，资本主义迅速得到普及。但是，在新的社会系统中又会出现新的问题。

资本主义出现贫富差距的问题，人们为了解决这个问题进行了反复尝试，包括共产主义和社会主义。

随着不断重复这种扩散和收束的循环，社会整体渐渐发展为生产性更高的系统。社会也和人类一样，会失败，也会反省。

在封建社会里，许多人被身份所制约，过着压抑的生活。世界大战夺去了许多人的生命。为了不再现相同的不幸，我们反省着这些错误，一边反复尝试，一边逐渐向效率更高的社会系统发展。

不论是政治方面（封建制→民主主义）、经济方面（以物易物→货币）还是科技方面（石器→计算机），都是沿着从低效率到高效率这一趋势发展的。

社会发展的趋势，实际上是一个无比空虚的事实。因为只靠单个的人类颠覆社会的发展趋势，所以个人存在的意义也十分渺小。

在回顾历史性的发明时，我们会认为发明者改变了世界。但是即使当事人没有发明出这些事物，也会有其他人代替他完成这一步骤。这就意味着他们并非创造了未来，只是加速了既定的未来的到来而已。

Google、Amazon、Facebook 等 IT 巨头企业的创业者们所预想的未来蓝图有着惊人地相似。他们只是在相同的时机预测到了这个未来而已。然后从社会、经济、技术、实力、资金等方面综合考虑，在合适的时间点采取合适的行动。

从这种意义上来说，革新者并非是从零开始创造出新事物的人，或许只是稍微抢先预测了未来的人。

我们不知道未来最后会由谁、在什么时候实现。但是未来将会发生的事情的大致趋势都是已经被决定好了的。人类无法创造未来，是未来等待着人类去做出改变。最终获得成功的，是在合适的时机集齐了合适资源的人。

超越了国家和时代界限共通发展的原理是无法被个人随意改变的，只要社会存在，这个法则就会影响到每一个人。这就和鱼虽然能逆流向上，但是却无法改变河流的流向是一样的道理。当我发现自己作为一条鱼，能做的事情非常少时，曾经消沉过一段时间。那时候我认为自己的存在没有任何意义。

但是，即使这样依然要追求自己的存在意义的话，那应该就是让应有的未来提前到来吧。

如果，封建社会早点结束，民主主义早点渗透进社会的话，那么就有更多人能够自由地选择生活方式了。如果早点发现天花疫苗的话，就能拯救几千万人的生命。

很多事物如果早点实现的话，就可以避免很多不幸的发生。在现代社会中，也存在堆积如山的问题。如果能将人类从货币中解放出来的话，很多不幸的人就会得到救赎。如果能将人类从劳动中解放出来的话，他们就会有更多的时间与家人相处。

　　问题越大，解决问题的希望也就越大。即使自己不去努力，也会有其他人去想办法解决。但是，问题解决得越晚，不幸的人就越会增多。

　　我们能做的，就是尽快找到已经十分明显的问题的解决方案，尽量避免更多不幸的发生。

　　即便未来总有一天会实现，只要能够使其提前到来，就能为更多的人提供价值。

　　让会实现的未来提前到来，是当代人类需要完成的唯一事业。我们度过的每一天都和这份事业息息相关。

　　企业进行的一切商业活动和竞争，最终都会让社会变得更便捷、更美好。搜索引擎和 SNS 的发明动机虽然不是改善社会，但许多企业和投资家在这方面找到了商机，就使它们的规模变得越来越大，最终还是改善了许多人的生活。

　　不仅是企业活动，家庭生活在创造次时代的可能性这一点上，也和让未来提前到来的事业紧密相连。无论人们有没有意识到这一点，都已经参与了这项事业。

　　从某种程度上来说，未来的方向性早已决定好，个人是无法控制的，但人类却不愿认为自己的存在是没有意义的。说到底，因为人类是拥有感情的生物。

　　为了让自己的存在多一点意义，我今后也会继续抢先预测未来。

后　记

Be a doer, not a talker

（成为实践者，而不是评论家）

最近我发现，"理解"这一行为实际上分为好几个层次。

从前一直认为，像学校授课那样，将信息纳入大脑的过程就是"理解"，但实际上并不是这样。如果不将接收到的信息在现实世界中进行使用和体验的话，就无法理解这些信息。

有一种著名的理论叫作"创新者的窘境"。它是指一个市场的领导者一旦处于优势的领导地位，那么他面向下个时代的应对就会变得迟缓的现象。如果是商务人士，大概都会知道这个理论。

只要打开新闻网站，就能看到许多评论文章，讽刺那些陷入窘境而无法应对变化的企业。

但我在身处相同的立场之后，才明白了这种窘境所带来的困难。现在想想当时我以为自己已经完全理解信息，那时候应该只是产生了已经理解的错觉吧。

从普通手机转向智能手机，从本国内的事业转向国际性的事业，我在做出这些判断时都不得不舍弃现在自己所处的优势位置。舍弃公司优势的恐惧和困难，只有自己体验过、接受风险越过障碍后才会理解。我从那时候才发现，我通过读书所获得的知识，实际上不到实际经历的一半。

提出相对论的理论物理学家阿尔伯特·爱因斯坦曾说过：

"信息并不等同于知识。"

"人对于现实的理解，开始于实验，也结束于实验。"

提出地心学说的伽利略，也猛烈地批判当时的学者只知道一味地依赖理论。

自然科学（物理学、化学、生物学、地理学、天文学等）都十分重视通过实验得到反馈，而社会科学（人类学、经济学、政治学、法学、语言学等）是以人类和社会为研究对象的领域，却一直不太重视实验。

从伦理的观点来看，或许是人们害怕将人类和社会作为实验的对象。

　　结果就是，在人类和社会的相关领域中并不需要证明事实，即使经过了几百年，人们一直在反复提出并未得到证实的理论。考察和辩论成为了理论的中心，权威者书写的内容被人们当作正确的理论。

　　然而，这就和没握过球棒的人成为棒球比赛的解说员一样荒谬。不管看过多少场比赛直播，不亲自站在本垒挥动球棒，就无法理解棒球。在场外和场内所看到的景色是完全不同的。

　　我在思考人类社会领域的问题时，时常注意的就是"站上击球位"这件事，也就是说不要只成为纸上谈兵的评论家。将所有的假说和考察应用到每天的实际生活中，并验证它们是否正确是非常有必要的。

　　而能够获得最直观的反馈的正是商业领域。

　　当今时代是行动者获胜的时代。

　　在信息和资本流动性相当高的今天，过去要花 100 年才会发生的变化，现在只过 3 年就会发生了。过去的成功规律，已经变成了落后于时代的陈腐之物。

　　知识在被人类获取的一瞬间，就开始过时。而且，接收知识并牢记知识的价值，也随着网络的发展渐渐变得稀薄。

　　为了在今后的时代里存活下来，我们需要读懂变化的风向，要经常保持抢先未来的意识。这种思考方式是无法用搜索引擎搜索出来的。

　　察觉变化，比他人抢先一步理解新的规律，然后反复验证是对于现实的最合适的方法吧。为了实现这一点，最需要的就是要拥有行动力，只要通过行动理解了现实就够了。希望这本书能够成为促使各位读者付诸行动的存在。

佐藤航阳

图书在版编目（CIP）数据

趋势思考 /（日）佐藤航阳著；徐涵微译 . -- 南昌：
江西人民出版社，2018.12
ISBN 978-7-210-10869-6

Ⅰ . ①趋… Ⅱ . ①佐… ②徐… Ⅲ . ①思维方法—通
俗读物 Ⅳ . ① B80-49

中国版本图书馆 CIP 数据核字 (2018) 第 240361 号

未来に先回りする思考法 佐藤航陽
" MIRAI NI SAKIMAWARI SURU SHIKOUHOU" by Katsuaki Sato
Copyright © 2015 by Katsuaki Sato
Original Japanese edition published by Discover 21,Inc.,Tokyo,Japan
Simplified Chinese edition in published by arrangement with Discover 21,Inc.

版权登记号：14-2018-0352

趋势思考

作者：[日] 佐藤航阳　　译者：徐涵微
责任编辑：辛康南　　特约编辑：李雪梅　　筹划出版：银杏树下
出版统筹：吴兴元　　营销推广：ONEBOOK　　装帧制造：墨白空间
出版发行：江西人民出版社　　印刷：北京天宇万达印刷有限公司
889 毫米 × 1194 毫米　1/32　7.25 印张　字数 122 千字
2018 年 12 月第 1 版　2018 年 12 月第 1 次印刷
ISBN 978-7-210-10869-6
定价：38.00 元
赣版权登字 -01-2018-831